BestMasters

Mit „BestMasters" zeichnet Springer die besten Masterarbeiten aus, die an renommierten Hochschulen in Deutschland, Österreich und der Schweiz entstanden sind. Die mit Höchstnote ausgezeichneten Arbeiten wurden durch Gutachter zur Veröffentlichung empfohlen und behandeln aktuelle Themen aus unterschiedlichen Fachgebieten der Naturwissenschaften, Psychologie, Technik und Wirtschaftswissenschaften. Die Reihe wendet sich an Praktiker und Wissenschaftler gleichermaßen und soll insbesondere auch Nachwuchswissenschaftlern Orientierung geben.

Springer awards "BestMasters" to the best master's theses which have been completed at renowned Universities in Germany, Austria, and Switzerland. The studies received highest marks and were recommended for publication by supervisors. They address current issues from various fields of research in natural sciences, psychology, technology, and economics. The series addresses practitioners as well as scientists and, in particular, offers guidance for early stage researchers.

Weitere Bände in der Reihe https://link.springer.com/bookseries/13198

Niclas Wego

Der harmonische Oszillator

Eine Reise von der klassischen
Physik in die Quantenwelt

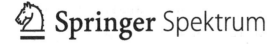

Springer Spektrum

Niclas Wego
Fachbereich 08 – Institut für Kernphysik
Johannes Gutenberg-Universität Mainz
Mainz, Deutschland

ISSN 2625-3577 ISSN 2625-3615 (electronic)
BestMasters
ISBN 978-3-658-36009-2 ISBN 978-3-658-36010-8 (eBook)
https://doi.org/10.1007/978-3-658-36010-8

Die Deutsche Nationalbibliothek verzeichnet diese Publikation in der Deutschen Nationalbibliografie; detaillierte bibliografische Daten sind im Internet über http://dnb.d-nb.de abrufbar.

Planung/Lektorat: Marija Kojic
Springer Spektrum ist ein Imprint der eingetragenen Gesellschaft Springer Fachmedien Wiesbaden GmbH und ist ein Teil von Springer Nature.
Die Anschrift der Gesellschaft ist: Abraham-Lincoln-Str. 46, 65189 Wiesbaden, Germany

Danksagung

Mein herzlicher Dank gilt in erster Linie Prof. Dr. Stefan Scherer, der mich mit einer außerordentlich gewissenhaften und hilfreichen Betreuung von Beginn bis zum Ende meiner Masterarbeit begleitet hat. Durch regelmäßige und zeitintensive Treffen konnte ich viele, wichtige Informationen rund um das Thema des harmonischen Oszillators lernen. Zusätzlich wurden in diesem Rahmen weiterführende Gedanken bezüglich der Themen der Masterarbeit angesprochen.

Außerdem möchte ich an dieser Stelle herzlich meinen Eltern Ina Wego und Wolfgang Schmitt sowie meinem Bruder Roman Wego danken, die mich während meiner gesamten Studienzeit bedingungslos unterstützt und damit einen wichtigen Teil meiner universitären Ausbildung geleistet haben.

Vielen Dank!

Inhaltsverzeichnis

Einleitung: Der harmonische Oszillator 1

Die folgende Arbeit beschäftigt sich – wie der Titel bereits verrät – mit dem *harmonischen Oszillator* und speziell mit Anwendungsbereichen im Rahmen der klassischen Physik (vgl. Kapitel 2), der Quantenmechanik (vgl. Kapitel 3 und Kapitel 5) sowie der Quantenfeldtheorie (vgl. Kapitel 4).

Zur Klärung der Frage, was ein harmonischer Oszillator überhaupt ist, soll das folgende einleitende Zitat dienen: „Der harmonische Oszillator stellt eines der wichtigsten Systeme der Physik dar. Er tritt praktisch überall dort auf, wo es um Schwingungen geht – vom Fadenpendel bis zur Quantenfeldtheorie."[1] Bereits im alltäglichen Leben lassen sich solche Schwingungen – oder physikalisch ausgedrückt: Oszillatoren – beobachten: Ein Kind, das auf einer Schaukel hin und her schwingt, ein Baum, der sich im Wind hin und her bewegt oder eine Gitarrensaite, die nach dem Anschlagen durch ihre Schwingung einen hörbaren Ton erzeugt, sind nur drei von unzähligen Beispielen aus der mit dem Auge beobachtbaren oder dem Ohr hörbaren Welt. Doch auch im Mikroskopischen (Moleküle, Atome, Kerne etc.) stößt man immer wieder auf solche schwingungsfähigen Systeme. So schwingen beispielsweise die Atome eines Moleküls um den mittleren Abstand r_0 im Minimum des Lennard-Jones-Potenzials als Folge von Absorption und Emission infraroter Wärmestrahlung[2]. Auch Photonen gehören zu solch mikroskopischen Systemen, bei denen man Schwingungen und sogar explizit den harmonischen Oszillator wiederfindet. Dieser Zusammenhang wird im Verlauf dieser Arbeit geklärt und sogar bis hin zur Quantenfeldtheorie Relevanz zeigen.

---

[1] Aus Pade (2012) [1], S. 53
[2] Siehe Otten (2009) [2], S. 234

© Der/die Autor(en), exklusiv lizenziert durch Springer Fachmedien Wiesbaden GmbH, ein Teil von Springer Nature 2021
N. Wego, *Der harmonische Oszillator*, BestMasters,
https://doi.org/10.1007/978-3-658-36010-8_1

Nach diesen alltäglichen Beispielen soll vorab auf den Begriff des harmonischen Oszillators eingegangen werden: Führt ein schwingungsfähiges System (Oszillator) eine harmonische Schwingung aus, so spricht man von einem harmonischen Oszillator. Eine harmonische Schwingung ist eine Schwingung, bei der die Auslenkung y proportional zum Sinus der Zeit t ist[3], also

$$y = C \cdot \sin(\omega t + \varphi_0). \tag{1.1}$$

Dabei stellt C die Amplitude, ω die Kreisfrequenz und φ_0 die Phase des harmonischen Oszillators dar (vgl. dazu auch Gl. 2.10). Die folgenden drei Plots (Abbildung (1.1, 1.2 und 1.3)) sollen die Einflüsse der verschiedenen Parameter auf die Schwingung verdeutlichen. Dabei dient der blaue Graph jeweils als Vergleich.

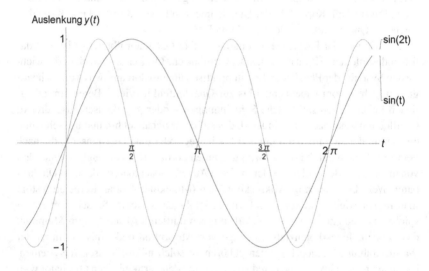

Abbildung 1.1 Verändern der Kreisfrequenz ω

---

[3] Vergleiche Dudenredaktion (Hrsg.) (2001) [3], S. 170 und 376

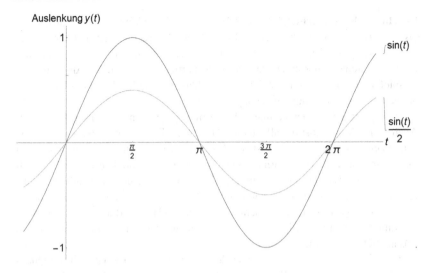

Abbildung 1.2 Verändern der Amplitude C

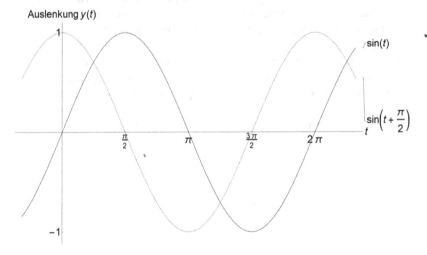

Abbildung 1.3 Verändern der Phase φ_0

Überblick über die Arbeit *Kapitel 2* dieser Arbeit beschäftigt sich mit dem harmonischen Oszillator in der klassischen Physik. Dabei werden zunächst einige mathematische Hilfsmittel erläutert, bevor es um die klassische Beschreibung von mechanischen Systemen im Rahmen des Lagrange-Formalismus geht. Als Anwendungsbeispiel des harmonischen Oszillators in der klassischen Physik soll das Fadenpendel herangezogen und durchgerechnet werden.

In *Kapitel 3* wird der harmonische Oszillator quantenmechanisch betrachtet. Auch hier soll zunächst die allgemeine Theorie zu Beginn kurz rekapituliert werden. Nachdem dies geschehen ist, wird es um die Rechnungen gehen, mit denen man quantenmechanische, harmonische Oszillatoren beschreiben kann. Dabei soll zwischen zwei Lösungsansätzen unterschieden werden: Zum einen soll die explizite Lösung der Schrödinger-Gleichung durchgerechnet werden, und zum anderen soll ein Lösungsansatz mittels Operatoren auf einem Hilbert-Raum vorgestellt werden, mit dem man mit einigen, wenigen mathematischen Hilfsmitteln zur gleichen Lösung gelangen wird.

Kapitel 4 dieser Arbeit beleuchtet den harmonischen Oszillator in der Quantenfeldtheorie, welche die Theorie der Quantenmechanik und die der klassischen physikalischen Felder vereint. Auch in diesem Kapitel soll dazu die Theorie im Vorhinein wiederholt werden. Anschließend geht es um die Quantisierung von Feldern, wobei man Eigenschaften des harmonischen Oszillators wiederfinden wird.

In *Kapitel 5* der Arbeit soll mit dem sogenannten Pfadintegralformalismus ein alternativer Zugang zur Quantenmechanik (und Quantenfeldtheorie) vorgestellt werden. Dieser wird speziell auf die Berechnung der Übergangsamplitude des quantenmechanischen harmonischen Oszillators angewandt. Der Hauptteil dieser Arbeit endet mit einem Ausblick auf weiterführende Aspekte des harmonischen Oszillators. Zahlreiche Nebenrechnungen sind in den Anhang ausgelagert.

Der harmonische Oszillator in der klassischen Physik

2

2.1 Mathematische Grundlagen

2.1.1 Funktionale

In dieser Arbeit wird die Theorie der Funktionale an vielen Stellen zur Herleitung von Gleichungen und als mathematisches Hilfsmittel in Nebenrechnungen verwendet und soll daher zu Beginn genauer betrachtet werden. Zunächst stellt sich an dieser Stelle die Frage, was ein Funktional überhaupt ist. Ein Funktional ist im Grunde genommen nur ein mathematisches Gebilde, das daher durch folgende, kurze Definition erklärt werden kann:

Definition (Funktional): Es sei $\mathcal{F}$ ein Funktionenraum. Eine Abbildung

$$F : \mathcal{F} \to \mathbb{K} \in \{\mathbb{R}, \mathbb{C}\},$$
$$f \longmapsto F[f]$$

heißt dann *Funktional*[1].

Funktionale sind also nichts Weiteres als Abbildungen von Funktionen auf reelle oder komplexe Zahlen und können daher als eine Art „Verallgemeinerung" von Funktionen angesehen werden. Statt – wie bei Funktionen – einen Wert $x \in \mathbb{K}$ (mit $\mathbb{K}$ ein Körper) auf einen Wert $f(x) \in \mathbb{K}$ abzubilden, wird bei Funktionalen eine gesamte Funktion auf einen Wert $F[y] \in \mathbb{K}$ abgebildet[2]. Ein bekanntes Beispiel ist das Wirkungsfunktional S, das in Abschnitt 2.2 eine zentrale Rolle spielen wird.

---

[1] Vergleiche Scherer und Schindler (2001) [4], S. 253

[2] Vergleiche Das (2006) [4], S. 4

© Der/die Autor(en), exklusiv lizenziert durch Springer Fachmedien Wiesbaden GmbH, ein Teil von Springer Nature 2021
N. Wego, *Der harmonische Oszillator*, BestMasters,
https://doi.org/10.1007/978-3-658-36010-8_2

2.1.2 Funktionalableitungen

Dieses Kapitel befasst sich mit Ableitungen von Funktionalen und soll ebenfalls eine elementare Herangehensweise an das Thema bieten[3]. Wie festgestellt wurde, kann man Funktionale als eine Art „Verallgemeinerung" von Funktionen ansehen. Betrachtet man nun Funktionalableitungen, kann man Ähnliches feststellen: Hierbei handelt es sich ebenfalls um eine Verallgemeinerung, nämlich die von klassischen partiellen Ableitungen auf unendliche Dimensionen. Da bei Funktionalableitungen die sogenannte Delta-Funktion eine Rolle spielt, soll dazu eine kurze Definition gegeben werden:

Definition (Delta-Funktion): Bei der Delta-Funktion handelt es sich um eine Abbildung

$$\delta_y : \mathbb{R}^n \to \mathbb{R},$$
$$x \longmapsto \delta_y(x) = \delta^n(x - y),$$

die an jeder Stelle den Wert 0 annimmt, außer an der bestimmten Stelle $x = y$. Dort nimmt sie den Wert '∞' an, sodass $\int d^n x \; \delta^n(x - y) f(x) = f(y)$ erfüllt ist.

Analog zur Definition der partiellen Ableitung, wird die Funktionalableitung ebenfalls über eine Grenzwertbildung definiert, nämlich:

Definition (Funktionalableitung): Ist $F[y]$ ein Funktional, so ist dessen Ableitung nach einer Funktion $f(y)$ definiert als

$$\frac{\delta F[f]}{\delta f(y)} = \lim_{\epsilon \to 0} \frac{F[f + \epsilon \, \delta_y] - F[f]}{\epsilon}.$$

Durch die erwähnten Analogien zu partiellen Ableitungen ist es nicht verwunderlich, dass die bekannten Rechenregeln bzw. Eigenschaften auch für Funktionalableitungen gelten:

- Linearität:

$$\frac{\delta}{\delta f(x)}(\alpha F_1[f] + \beta F_2[f]) = \alpha \cdot \frac{\delta F_1[f]}{\delta f(x)} + \beta \cdot \frac{\delta F_2[f]}{\delta f(x)}, \qquad (2.1)$$

---

[3] Die folgenden Ausführungen orientieren sich an denen von Scherer und Schindler (2001) [4], S. 253.

- Produktregel:

$$\frac{\delta}{\delta f(x)}(F_1[f] \cdot F_2[f]) = \frac{\delta F_1[f]}{\delta f(x)} \cdot F_2[f] + F_1[f] \cdot \frac{\delta F_2[f]}{\delta f(x)}, \qquad (2.2)$$

- Kettenregel:

$$\frac{\delta}{\delta f(x)} F[g(f)] = g'\big(f(x)\big) \cdot \frac{\delta F[h = g(f)]}{\delta h(x)}. \qquad (2.3)$$

Einige dieser Eigenschaften werden vor allem in der Nebenrechnung 7.14 verwendet.

2.2 Der Lagrange-Formalismus

Der Lagrange-Formalismus ist eine Formulierung der klassischen Mechanik, die im Jahr 1788 von Joseph-Louis Lagrange eingeführt wurde. Mit dieser Formulierung ist es möglich, die Dynamik eines Systems mit nur einer Gleichung – der Lagrange-Gleichung – zu beschreiben. Zunächst definiert man sich dazu die sogenannte Lagrange-Funktion für ein Teilchen, das sich in einem Potenzial $V(q, t)$ bewegt:

$$L(q, \dot{q}, t) = T(q, \dot{q}, t) - V(q, t),$$

mit der kinetischen Energie $T(q, \dot{q}, t)$. Die zu dieser Funktion gehörige Lagrange-Gleichung (später auch *Euler-Lagrange-Gleichung*) lautet dann[4]

$$\frac{d}{dt}\frac{\partial L}{\partial \dot{q}} - \frac{\partial L}{\partial q} = 0.$$

Der Vorteil dieser Formulierung ist die Gültigkeit in ruhenden sowie auch bewegten Bezugssystemen und stellt damit einen Vorteil gegenüber der Newton'schen Mechanik dar, da die Newton'schen Axiome nur in Inertialsystemen gelten[5]. Und auch innerhalb von Inertialsystemen können unter Umständen im Rahmen der

---

[4] Vergleiche Landau und Lifschitz (1975) [6], S. 4
[5] Vergleiche Fließbach (2009) [7], S. 31

Newton'schen Mechanik sehr komplizierte Bewegungsgleichungen entstehen, wenn diese in beschleunigten Bezugssystemen formuliert werden sollen[6].

Ein weiterer Vorteil ist die Tatsache, dass der Lagrange-Formalismus die Berücksichtigung von Zwangsbedingungen erlaubt, die bei vielen mechanischen Systemen vorhanden sind. Durch die Formulierung koordinatenunabhängiger Bewegungsgleichungen stellt der Lagrange-Formalismus auch eine Grundlage für die Elektrodynamik sowie für die Quantenfeldtheorie dar[7], was im Laufe dieser Arbeit noch deutlich werden wird.

2.2.1 Zwangsbedingungen und verallgemeinerte Koordinaten

Unter Zwangsbedingungen versteht man im Rahmen des Lagrange-Forma-lismus geometrische Nebenbedingungen des zugrundeliegenden physikalischen Systems, sodass das Hindernis aus der Newton'schen Mechanik, *alle* einwirkenden Kräfte zu bestimmen, umgangen wird. Diese Umformulierung findet in der Art statt, dass die Zwangsbedingungen des Systems durch eine geschickte Wahl von *verallgemeinerten Koordinaten* durch diese absorbiert werden und daher nicht mehr explizit in der Bewegungsgleichung vorkommen[8]. Dieser Sachverhalt soll im Folgenden genauer beschrieben werden[9].

Zwangsbedingungen Betrachtet man ein physikalisches System mit n Teilchen ($n > 0$) zunächst *ohne* Zwangsbedingungen, so existieren in diesem Fall $3n$ unabhängige Koordinaten $x_1, y_1, z_1, ..., x_n, y_n, z_n$. Man spricht in diesem Fall auch von $f = 3n$ Freiheitsgraden, da sich jedes dieser n Teilchen in die drei Richtungen des dreidimensionalen Raums bewegen kann. Bei der Anwesenheit von Zwangsbedingungen unterscheidet man sogenannte *holonome* und *nichtholonome* Zwangsbedingungen.

---

[6] Vergleiche Wachter (2005) [8], S. 28
[7] Vergleiche Bartelmann et al. (2015) [9], S. 166
[8] Vergleiche Wachter (2005) [8], S. 28
[9] Die folgenden Ausführungen orientieren sich an denen von Scherer (2010) [10], S. 44 bis 46.

Holonome Zwangsbedingungen oder auch ganzgesetzliche Zwangsbedingungen sind Gleichungen der Form

$$f_\lambda(\vec{r}_1, ..., \vec{r}_n, t) = 0 \text{ mit } \lambda = 1, 2, 3, ..., r < 3n, \tag{2.4}$$

die das System charakterisieren. Sind diese Gleichungen explizit zeitabhängig, so spricht man auch von *rheonomen* Zwangsbedingungen, ansonsten, bei nicht expliziter Zeitabhängigkeit, von *skleronomen* Zwangsbedingungen. Bei einer Anzahl von r existierenden Zwangsbedingungen reduzieren sich die $3n$ Freiheitsgrade des Systems auf $f = 3n - r$ Freiheitsgrade, was eine Vereinfachung der späteren Rechnungen zur Folge hat.

Nichtholonome Zwangsbedingungen hingegen können nicht wie in (2.4) als Gleichungen geschrieben werden, sondern werden zum Beispiel als Ungleichung miteinander verknüpft.

Verallgemeinerte Koordinaten Verallgemeinerte oder auch generalisierte Koordinaten sind, in Bezug auf das jeweilige physikalische System, geschickt gewählte Koordinaten, in denen die Zwangsbedingungen bereits enthalten sind. Bei einem $3n$-Teilchen-System mit r holonomen Zwangbedingungen führt man also eine Transformation der ursprünglichen Koordinaten $\{\vec{r}_1, ..., \vec{r}_n\}$ zu den verallgemeinerten Koordinaten $\{q_1, ..., q_f\}$ durch und erhält damit

$$x_1 = x_1(q_1, ..., q_f, t),$$
$$y_1 = y_1(q_1, ..., q_f, t),$$
$$z_1 = z_1(q_1, ..., q_f, t),$$
$$...$$
$$x_n = x_n(q_1, ..., q_f, t),$$
$$y_n = y_n(q_1, ..., q_f, t),$$
$$z_n = z_n(q_1, ..., q_f, t).$$

Beispiel Das Prinzip der verallgemeinerten Koordinaten soll im Folgenden am Beispiel eines sich auf einer Kugeloberfläche mit festem Radius $R > 0$ bewegenden Teilchens beschrieben werden. Die Transformation findet von kartesischen Koordinaten $\{x, y, z\}$ zu Kugelkoordinaten $\{r, \theta, \varphi\}$ statt. Mit der Zwangsbedingung $r = R$ (*fester* Radius R) erhält man die generalisierten Koordinaten $\{q_1 = \theta, q_2 = \varphi\}$ und die Transformationsvorschriften

$$x = R \sin(\theta) \cos(\varphi),$$
$$y = R \sin(\theta) \sin(\varphi),$$
$$z = R \cos(\varphi),$$

die sich aus der Geometrie von Kugelkoordinaten (vgl. Abbildung[10] 2.1) ergeben.

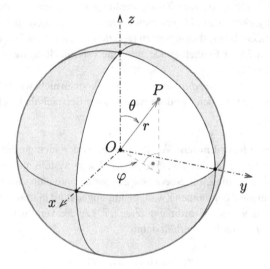

Abbildung 2.1 Veranschaulichung von Kugelkoordinaten $\{r, \theta, \varphi\}$

2.2.2 Das Prinzip der kleinsten Wirkung

Das *Prinzip der kleinsten Wirkung* gibt die allgemeinste Formulierung des Bewegungsgesetzes mechanischer Systeme an, bei dem man ein solches mechanisches System durch die Lagrange-Funktion

$$L(q, \dot{q}, t) = L(q_1, ..., q_f, \dot{q}_1, ..., \dot{q}_f, t) \tag{2.5}$$

charakterisieren kann. Betrachtet man den Fall, dass sich ein Teilchen mit Lagrange-Funktion (2.5) von einer Zeit t_1 bis zu einer Zeit t_2 von einem Raumpunkt zu einem anderen bewegt, so wird nach dem Prinzip der kleinsten Wirkung das Integral

---

[10] Aus: Wikipedia (2019), Artikel 'Kugelkoordinaten' [11].

$$S[q] = \int_{t_1}^{t_2} L(q, \dot{q}, t)dt \qquad (2.6)$$

den kleinstmöglichen Wert annehmen. Dieses Integral nennt man auch *Wirkung*[11]. Das Prinzip der kleinsten Wirkung besagt also, dass dieses Wirkungsfunktional $S[q]$ extremal (hier speziell: minimal) werden muss[12].

„Das Wirkungsprinzip ist sehr abstrakt und hat auf den ersten Blick mit den Bewegungsgleichungen der Mechanik nichts zu tun. Tatsächlich aber ist die Wichtigkeit des Wirkungsprinzips nicht hoch genug einzustufen.“[13] Dieses Zitat wird schon im nächsten Kapitel Bedeutung zeigen, in dem die sogenannten Euler-Lagrange-Gleichungen aus dem Prinzip der kleinsten Wirkung hergeleitet werden sollen. Es wird aber auch im weiteren Verlauf dieser Arbeit immer wieder aufgegriffen, wodurch die zentrale Rolle dieses Prinzips erneut betont wird.

2.2.3 Die Euler-Lagrange-Gleichungen

Die Euler-Lagrange-Gleichungen sind die Bewegungsgleichungen eines mechanischen Systems, das durch die Lagrange-Funktion (2.5) beschrieben wird. Es handelt sich dabei um f (Freiheitsgrade des Systems) Differentialgleichungen zweiter Ordnung[14]. Zur Herleitung der Euler-Lagrange-Gleichungen aus dem Prinzip der kleinsten Wirkung ist zunächst das Wirkungsfunktional aus Gl. (2.6) der Ausgangspunkt, das nach dem Prinzip der kleinsten Wirkung ein Minimum annehmen muss.

Bei gewöhnlichen Funktionen hat man sich Tangenten und deren Steigungen zunutze gemacht, um extremale Punkte zu finden. In der Variationsrechnung betrachtet man infinitesimale Störungen um die gesuchte Funktion $q(t)$[15]. Man definiert sich also sogenannte Vergleichskurven $q_\epsilon(t)$, die sich nur durch eine infinitesimale Funktion $\epsilon h(t)$ von $q(t)$ unterscheiden:

$$q_\epsilon(t) := q(t) + \epsilon h(t),$$

wobei

---

[11] Vergleiche Landau und Lifschitz (1975) [6], S. 2
[12] Vergleiche Zeidler (2011) [12], S. 404
[13] Aus Bartelmann et al. (2015) [9], S. 192
[14] Vergleiche Bartelmann et al. (2015) [9], S. 178
[15] Vergleiche Bartelmann et al. (2015) [9], S. 188

$$h(t_1) = h(t_2) = 0 \tag{2.7}$$

gelten soll. Gleichung (2.7) bedeutet in Worten, dass die Werte der Vergleichskurve an den Zeiten t_1 und t_2 genau den Werten der Funktion $q(t)$ entsprechen – die Variation verschwindet an diesen Stellen. Vergleiche dazu Abbildung 2.2, in der die Idee der Variationsrechnung veranschaulicht ist.

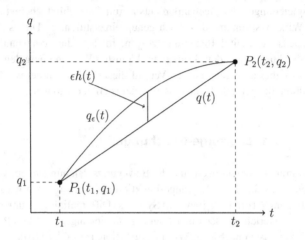

Abbildung 2.2 Variation des Wegs $q(t)$. Diese Abbildung orientiert sich an: Bartelmann et al. (2015) [9], S. 188

Man erhält durch Einsetzen der Vergleichskurven $q_\epsilon(t)$ in das Wirkungsfunktional, Gl. (2.6), den Ausdruck

$$S[q_\epsilon] = \int_{t_1}^{t_2} L(q + \epsilon h, \dot{q} + \epsilon \dot{h}, t)dt,$$

der entwickelt in einer Taylor-Reihe folgende Form annimmt:

$$S[q_\epsilon] = \int_{t_1}^{t_2} \left[L(q, \dot{q}, t) + \left(\frac{\partial L}{\partial q}\epsilon h + \frac{\partial L}{\partial \dot{q}}\epsilon \dot{h} \right) + \mathcal{O}(\epsilon^2) \right]dt.$$

Nach dem Prinzip der kleinsten Wirkung ist $q(t)$ eine Lösung, wenn die Variation verschwindet[16] – also wenn gilt:

$$\delta S = \frac{d}{d\epsilon} S[q_\epsilon]\Big|_{\varepsilon=0} = 0.$$

Dies kann man sich analog zum Vorgehen bei der Extrempunktsuche von Funktionen vorstellen, bei der man dafür ebenfalls die erste Ableitung gleich null gesetzt hat. Im Folgenden wird also die Ableitung von $S[q_\epsilon]$ gebildet und gleich null gesetzt:

$$0 \overset{!}{=} \frac{d}{d\epsilon} S[q_\epsilon]\Big|_{\varepsilon=0}$$

$$= \int_{t_1}^{t_2} \left(\frac{\partial L}{\partial q} h + \frac{\partial L}{\partial \dot{q}} \dot{h} \right) dt$$

$$= \int_{t_1}^{t_2} \left(\frac{\partial L}{\partial q} h + \frac{d}{dt}\left(\frac{\partial L}{\partial \dot{q}} h \right) - \frac{d}{dt}\frac{\partial L}{\partial \dot{q}} h \right) dt$$

$$= \left[\frac{\partial L}{\partial \dot{q}} h \right]_{t_1}^{t_2} + \int_{t_1}^{t_2} h \left(\frac{\partial L}{\partial q} - \frac{d}{dt}\frac{\partial L}{\partial \dot{q}} \right) dt$$

$$\overset{(2.7)}{=} 0 + \int_{t_1}^{t_2} h \left(\frac{\partial L}{\partial q} - \frac{d}{dt}\frac{\partial L}{\partial \dot{q}} \right) dt.$$

Dabei wurde im dritten Schritt von der Produktregel Gebrauch gemacht. Das Fundamentallemma der Variationsrechnung besagt, dass für beliebige stetige Funktionen $h(x)$ folgt, dass das Integral

$$\int_{x_1}^{x_2} h(x) g(x) dx = 0$$

nur dann gelöst wird, wenn $g(x) = 0$ in $[x_1, x_2]$ ist[17]. Für die Variation bedeutet das also, dass

$$\frac{\partial L}{\partial q} - \frac{d}{dt}\frac{\partial L}{\partial \dot{q}} = 0$$

[16] Vergleiche Scherer (2010) [10], S. 63
[17] Vergleiche Blanchard und Brüning (1992) [13], S. 82

gelten muss. Betrachtet man nun ein System mit f Freiheitsgraden (also $q = (q_1, \ldots q_f)$) und die zugehörige Lagrange-Funktion $L(q, \dot{q}, t)$, so erhält man mehrere dieser Gleichungen. Diese Gleichungen nennt man auch die *Euler-Lagrange-Gleichungen*. Sie verknüpfen die Beschleunigungen, Geschwindigkeiten sowie die Koordinaten eines mechanischen Systems und stellen damit die Bewegungsgleichungen dieses Systems dar[18]. Mithilfe dieser Gleichungen soll im folgenden Abschnitt als Beispiel das mathematische Pendel betrachtet werden.

2.3 Der harmonische Oszillator am Beispiel des mathematischen Pendels

Das mathematische Pendel stellt eine Idealisierung eines Fadenpendels dar. Ein Fadenpendel besteht aus einem Faden, an dessen Ende eine Masse m befestigt ist. Das mathematische Pendel idealisiert diese Situation, indem die Masse des Fadens vernachlässigt wird und die Schwingung der Masse ausschließlich in zwei Dimensionen stattfinden kann. Betrachtet wird nun die folgende Skizze eines mathematischen Pendels der Länge l und der Masse m:

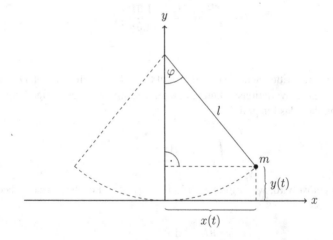

---

[18] Vergleiche Landau und Lifschitz (1975) [6], S. 4

Aus der Geometrie der Skizze folgen die Gleichungen

$$x(t) = l \cdot \sin(\varphi(t)),$$
$$y(t) = l - l \cdot \cos(\varphi(t)),$$

die differenziert nach der Zeit t folgende Gestalt annehmen:

$$\frac{dx}{dt} = \dot{x}(t) = l \cdot \cos(\varphi(t)) \cdot \dot{\varphi}(t),$$
$$\frac{dy}{dt} = \dot{y}(t) = l \cdot \sin(\varphi(t)) \cdot \dot{\varphi}(t).$$

Mithilfe dieser Gleichungen soll jetzt die Lagrange-Gleichung aufgestellt werden, um die Bewegung für das Pendel beschreiben zu können. Dazu berechnet man die kinetische Energie[19]

$$T = \frac{1}{2}mv^2 \overset{(7.1)}{=} \frac{1}{2}ml^2\dot{\varphi}(t)^2$$

und die potenzielle Energie

$$V = mgy \overset{(7.2)}{=} mgl - mgl \cdot \cos(\varphi(t)).$$

Anschließend kann man die Lagrange-Funktion

$$L(q, \dot{q}, t) = L(\varphi, \dot{\varphi}) = T - V = \frac{1}{2}ml^2\dot{\varphi}(t)^2 - mgl + mgl \cdot \cos(\varphi(t)) \qquad (2.8)$$

aufstellen und damit folgende Nebenrechnungen für das Aufstellen der Euler-Lagrange-Gleichung durchführen:

$$\frac{\partial L}{\partial \dot{q}} = \frac{\partial L}{\partial \dot{\varphi}} = ml^2\dot{\varphi}(t),$$
$$\frac{d}{dt}\frac{\partial L}{\partial \dot{q}} = \frac{d}{dt}\frac{\partial L}{\partial \dot{\varphi}} = ml^2\ddot{\varphi}(t),$$
$$\frac{\partial L}{\partial q} = \frac{\partial L}{\partial \varphi} = -mgl \cdot \sin(\varphi(t)).$$

---

[19] Im Folgenden beziehen sich Zahlen über Gleicheitszeichen auf die entsprechenden Abschnitte des Anhangs.

Daraus folgt die Euler-Lagrange-Gleichung

$$\frac{d}{dt}\frac{\partial L}{\partial \dot{q}} - \frac{\partial L}{\partial q} = \frac{d}{dt}\frac{\partial L}{\partial \dot{\varphi}} - \frac{\partial L}{\partial \varphi} = ml^2\ddot{\varphi}(t) + mgl \cdot \sin(\varphi(t)) = 0.$$

Für kleine Winkel $\varphi(t)$ verhält sich das mathematische Pendel wie ein harmonischer Oszillator[20]. Mithilfe der Kleinwinkelnäherung $\sin(\varphi(t)) \approx \varphi(t)$ für sehr kleine Winkel $\varphi(t)$ lässt sich die Euler-Lagrange-Gleichung auf die Gestalt

$$ml^2\ddot{\varphi}(t) + mgl \cdot \varphi(t) = 0$$

$$\Leftrightarrow \ddot{\varphi}(t) + \frac{g}{l} \cdot \varphi(t) = 0$$

$$\Leftrightarrow \ddot{\varphi}(t) + \omega^2 \cdot \varphi(t) = 0 \qquad (2.9)$$

bringen. Hierbei wurde als Kreisfrequenz $\omega = \sqrt{\frac{g}{l}}$ definiert. Dies ist eine lineare, homogene Differentialgleichung zweiter Ordnung und kann mit folgendem Ansatz gelöst werden:

$$\varphi(t) = A \cdot \cos(\omega t) + B \cdot \sin(\omega t). \qquad (2.10)$$

Berechnet man davon die erste und zweite Ableitung nach der Zeit, so erhält man

$$\dot{\varphi}(t) = -A\omega \cdot \sin(\omega t) + B\omega \cdot \cos(\omega t),$$

$$\ddot{\varphi}(t) = -A\omega^2 \cdot \cos(\omega t) - B\omega^2 \cdot \sin(\omega t)$$

$$= -\omega^2 \cdot \varphi(t).$$

Durch Einsetzen von $\ddot{\varphi}(t)$ in Gl. (2.9) kann man anschließend den Ansatz aus Gl. (2.10) als richtigen Lösungsansatz zu identifizieren. Plottet man nun Gl. (2.10), so erhält man den typischen funktionalen Zusammenhang zwischen Ort und Zeit einer harmonischen Schwingung, wie er schon in Gl. (1.1) aus der Einleitung dieser Arbeit erläutert wurde (Abbildung 2.3):

---

[20] Vergleiche Scheck (2007) [14], S. 33

Auslenkung $\varphi(t)$

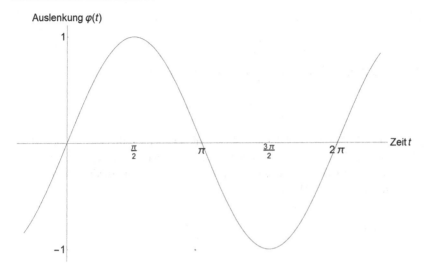

Abbildung 2.3 Plot der Funktion $\varphi(t) = A \cdot \cos(\omega t) + B \cdot \sin(\omega t)$ mit $A = 0$, $B = 1$ und $\omega = 1$

Der Zusammenhang zu Gl. (1.1) lässt sich folgendermaßen herstellen: Mit der richtigen Wahl der Koeffizienten, nämlich $A = C \sin(\varphi)$ und $B = C \cos(\varphi)$, sowie mithilfe des Additionstheorems $\sin(x + y) = \sin(x)\cos(y) + \cos(x)\sin(y)$ gilt:

$$\varphi(t) = A \cdot \cos(\omega t) + B \cdot \sin(\omega t)$$
$$= C \sin(\varphi)cos(\omega t) + C \cos(\varphi) \sin(\omega t) = C \sin(\omega t + \varphi).$$

Explizites Beispiel: Hat man nun noch bestimmte Anfangsbedingungen gegeben, so lässt sich Gl. (2.10) spezifizieren. Betrachtet man beispielsweise den Zeitpunkt $t = 0$, bei dem die Auslenkung φ maximal mit dem Wert $\varphi(0) = \frac{\pi}{4}$ sowie der Geschwindigkeit $\dot{\varphi}(0) = 0$ sein soll, dann ist

$$\varphi(0) = A \cdot \cos(0) + B \cdot sin(0)$$
$$= A = \frac{\pi}{4}$$

und

$$\dot\varphi(0) = -A\omega \cdot \sin(0) + B\omega \cdot \cos(0)$$
$$= B\omega = 0.$$

Somit würde man als Lösung der Bewegungsgleichung

$$\varphi(t) = \frac{\pi}{4} \cdot \cos(\omega t)$$

erhalten (vgl. Plot aus Abbildung 2.4). An dieser Stelle soll betont werden, dass die *eindeutige* Lösung einer Differenzialgleichung zweiter Ordnung *zwei* Anfangsbedingungen erfordert. In obigem Beispiel sind diese Anfangsbedingungen durch $\varphi(0) = \frac{\pi}{4}$ und $\dot\varphi(0) = 0$ gegeben.

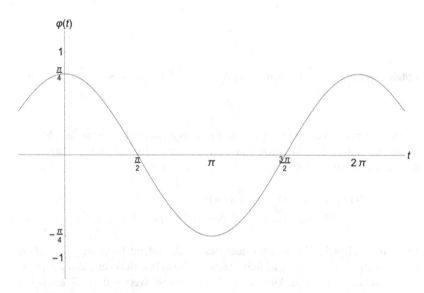

Abbildung 2.4 Plot der Funktion $\varphi(t) = \frac{\pi}{4} \cdot \cos(\omega t)$ mit $\omega = 1$

Anhand des mathematischen Pendels wurde eines der vielen Beispiele des harmonischen Oszillators in der klassischen Physik genauer beleuchtet und im Kontext des Lagrange-Formalismus betrachtet. Im weiteren Verlauf soll nun der harmonische Oszillator in der Quantenmechanik behandelt werden, und es sollen einige Gemeinsamkeiten zum klassischen Oszillator deutlich werden.

Der harmonische Oszillator in der Quantenmechanik

3

Die Quantenmechanik beschreibt die Mechanik mikrophysikalischer Systeme. Dazu gehören zum Beispiel Moleküle, Atome oder Kerne. Die in diesen Größenordnungen vorkommenden mechanischen Systeme unterschieden sich von den klassisch-mechanischen Systemen in einigen Punkten[1]. So wird zum Beispiel die Energie solcher Systeme nicht mehr in kontinuierlichen Spektren, sondern in diskreter, „gequantelter" Weise auftreten. Die grundlegende Gleichung, die die Mechanik solcher mikroskopischer Systeme beschreibt, ist die sogenannte *Schrödinger-Gleichung*, die in Abschnitt 3.2 wiederholt werden wird. Innerhalb der Theorie der Quantenmechanik soll in den nächsten Abschnitten und Unterkapiteln der harmonische Oszillator untersucht werden. Zunächst wird jedoch die dazu nötige Theorie rekapituliert.

3.1 Der Hamilton-Formalismus

Zu Beginn dieses Kapitels soll zunächst betont werden, dass es sich bei dem Hamilton-Formalismus *nicht* um einen intrinsisch quantenmechanischen Formalismus handelt. Er ist vielmehr eine alternative Beschreibung mechanischer Systeme zum bereits vorgestellten Lagrange-Formalismus. Da sich im Laufe dieses Kapitels jedoch einige Rechnungen ergeben, mit denen es sich leichter im Rahmen des Hamilton-Formalismus rechnen lässt, soll dieser hier kurz wiederholt werden[2].

---

[1] Vergleiche Dudenredaktion (Hrsg.) (2001) [3], S. 325

[2] Die folgenden Ausführungen sind eine Wiederholung aus der theoretischen Physik I und II und orientieren sich daher hauptsächlich an Scherer (2010) [10], S. 81 bis 83

3.1.1 Die Hamilton-Funktion

Interessiert man sich im Lagrange-Formalismus für die verallgemeinerten Impulse p_j eines mechanischen Systems, so lassen sich diese aus der Lagrange-Funktion mithilfe von

$$p_j(q, \dot{q}, t) = \frac{\partial L}{\partial \dot{q}_j} \tag{3.1}$$

berechnen. Das Ziel im Hamilton-Formalismus ist es nun, die verallgemeinerten Geschwindigkeiten $\dot{q}$ zu eliminieren, sodass am Ende nur noch eine Impuls-Abhängigkeit übrig bleibt. Speziell bedeutet das, dass man die Impulse p_j nach den Geschwindigkeiten $\dot{q}$ auflösen muss und diese anschließend in die sogenannte Hamilton-Funktion einsetzen muss. Die Hamilton-Funktion H lässt sich folgendermaßen aufstellen:

$$H(q, p, t) = \sum_{j=1}^{f} p_j \dot{q}_j(q, p, t) - L\big(q, \dot{q}(q, p, t), t\big).$$

Dabei stellt f – wie auch beim Lagrange-Formalismus – die Anzahl der Freiheitsgrade dar. Bei der Hamilton-Funktion fällt auf, dass sie tatsächlich nicht mehr von den verallgemeinerten Geschwindigkeiten $\dot{q}$ abhängig ist, sondern nur noch von den Ortskoordinaten q, den Impulsen p sowie in manchen Fällen explizit von der Zeit t.

Beispiel: Betrachtet man ein Teilchen in einem Potenzial $V(x)$, so lautet die Lagrange-Funktion

$$L(x, \dot{x}) = \frac{1}{2} m \dot{x}^2 - V(x).$$

Man kann nun den Impuls des Systems mithilfe von Gl. (3.1) berechnen:

$$p_x = \frac{\partial L}{\partial \dot{q}} = \frac{\partial L}{\partial \dot{x}} = m\dot{x}$$

$$\Leftrightarrow \dot{x} = \frac{p_x}{m}.$$

Stellt man anschließend die Hamilton-Funktion auf und setzt $\dot{x}$ entsprechend ein, so erhält man

$$H(x, p_x) = p_x \dot{x} - L(x, \dot{x}(p_x))$$

$$= \frac{p_x^2}{m} - \frac{1}{2} m \frac{p_x^2}{m^2} + V(x) = \frac{p_x^2}{2m} + V(x).$$

Damit hat man die bekannte Hamilton-Funktion eines Teilchens im Potenzial $V(x)$ im Hamilton-Formalismus berechnet.

3.1.2 Kanonische Gleichungen

Die kanonischen Gleichungen, oder auch *Hamilton'sche Gleichungen* genannt, sind im Hamilton-Formalismus die Bewegungsgleichungen – analog zu den Euler-Lagrange-Gleichungen im Lagrange-Formalismus. Zur Herleitung dieser Gleichungen betrachtet man die partiellen Ableitungen der Hamilton-Funktion H nach q_j bzw. nach p_j. Durch einfaches Anwenden der Produktregel sowie durch Anwenden der Euler-Lagrange-Gleichungen im vierten Schritt erhält man die erste dieser Gleichungen:

$$\frac{\partial H}{\partial q_j} = \sum_{k=1}^{f} p_k \frac{\partial \dot{q}_k}{\partial q_j} - \frac{\partial L}{\partial q_j} - \sum_{k=1}^{f} \frac{\partial L}{\partial \dot{q}_k} \frac{\partial \dot{q}_k}{\partial q_j}$$

$$= \sum_{k=1}^{f} p_k \frac{\partial \dot{q}_k}{\partial q_j} - \frac{\partial L}{\partial q_j} - \sum_{k=1}^{f} p_k \frac{\partial \dot{q}_k}{\partial q_j}$$

$$= -\frac{\partial L}{\partial q_j} = -\frac{\mathrm{d}}{\mathrm{d}t} \frac{\partial L}{\partial \dot{q}_j} \overset{(3.1)}{=} -\frac{\mathrm{d}}{\mathrm{d}t} p_j = -\dot{p}_j.$$

Die Herleitung der zweiten Gleichung erfolgt ebenfalls mithilfe der Produktregel:

$$\frac{\partial H}{\partial p_j} = \dot{q}_j + \sum_{k=1}^{f} p_k \frac{\partial \dot{q}_k}{\partial p_j} - \sum_{k=1}^{f} \frac{\partial L}{\partial \dot{q}_k} \frac{\partial \dot{q}_k}{\partial p_j}$$

$$= \dot{q}_j + \sum_{k=1}^{f} p_k \frac{\partial \dot{q}_k}{\partial p_j} - \sum_{k=1}^{f} p_k \frac{\partial \dot{q}_k}{\partial p_j}$$

$$= \dot{q}_j.$$

Vergleicht man den Lagrange-Formalismus mit dem Hamilton-Formalismus, so fällt der folgende Unterschied auf: Die Bewegungsgleichungen im Lagrange-

Formalismus sind die Euler-Lagrange-Gleichungen. Dies sind f Differentialgleichungen *zweiter* Ordnung, wohingegen die kanonischen Gleichungen als Bewegungsgleichungen im Hamilton-Formalismus $2f$ Differentialgleichungen sind, die aber dafür jeweils nur *erster* Ordnung sind. Dieser Unterscheid hat Vor- und Nachteile im jeweiligen Formalismus. Die Vorteile des Hamilton-Formalismus werden für die Rechnungen in diesem Kapitel jedoch überwiegen, weswegen er im weiteren Verlauf der Arbeit immer wieder angewendet werden wird.

3.2 Die Schrödinger-Gleichung

Die Schrödinger-Gleichung ist die grundlegende Gleichung der Quantenmechanik. Sie wurde im Jahr 1926 von Erwin Schrödinger (1887 bis 1961) aufgestellt. Mit dieser Differentialgleichung lassen sich Wellenfunktionen als deren Lösung von quantenmechanischen Systemen bestimmen[3]. Man unterscheidet zwischen der zeitabhängigen sowie der zeitunabhängigen (auch stationären) Schrödinger-Gleichung. Da dieses Kapitel ebenfalls nur der Rekapitulation von Inhalten aus den Vorlesungen der Theoretischen Physik I und II dient, soll auf die genaue Herleitungen verzichtet werden.

Zeitunabhängige Schrödinger-Gleichung Die zeitunabhängige Schrödinger-Gleichung lautet in ausgeschriebener Form

$$\left(-\frac{\hbar^2}{2m}\frac{\mathrm{d}^2}{\mathrm{d}x^2} + V(x)\right)\Psi(x) = E\Psi(x). \tag{3.2}$$

Dabei ist erkennbar, dass die linke Seite der Gleichung das Analogon zur klassischen Hamilton-Funktion eines Teilchens in einem Potenzial $V(x)$ enthält, nämlich $\hat{H} = -\frac{\hbar^2}{2m}\frac{\mathrm{d}^2}{\mathrm{d}x^2}+V(x) = \frac{\hat{p}^2}{2m}+V(x)$. Der einzige Unterschied ist, dass es sich hierbei nicht um eine Funktion handelt, sondern um einen Operator – den Hamilton-Operator, der auf die Wellenfunktion $\Psi(x)$ wirkt[4]. Diese Wellenfunktion repräsentiert den Zustand des quantenmechanischen Systems, und mit dem Betragsquadrat $|\Psi(x)|^2$ lässt sich die Wahrscheinlichkeitsdichte dafür angeben, dass sich ein Teilchen, das durch Ψ beschrieben wird, am Ort x befindet[5].

---

[3] Vergleiche Demtröder (2016) [15], S. 114
[4] Vergleiche Scheck (2013) [16], S. 38
[5] Vergleiche Scheck (2013) [16], S. 39

Zeitabhängige Schrödinger-Gleichung Die zeitabhängige Schrödinger-Gleichung wird in dieser Arbeit nicht gebraucht und soll daher nur der Vollständigkeit halber erwähnt werden. Sie lautet:

$$\left(-\frac{\hbar^2}{2m}\frac{d^2}{dx^2} + V(t,x)\right)\Psi(t,x) = i\hbar\frac{\partial}{\partial t}\Psi(t,x).$$

Die Zeitabhängigkeit wird häufig bei quantenmechanischen Systemen in der Ausbreitung, Interferenz oder sonstigen zeitlich abhängigen Prozessen wichtig. Für zeitabhängige Potenziale lässt sich die Schrödinger-Gleichung im Allgemeinen nicht mehr so leicht lösen, wie es bei der zeitunabhängigen der Fall ist. Ein Beispiel der zeitabhängigen Schrödinger-Gleichung soll im Folgenden am freien Teilchen gegeben werden.

Beispiel: Freies Teilchen Das freie Teilchen zeichnet sich durch die Abwesenheit von Potenzialen, $V = 0$, aus. Dadurch reduziert sich die stationäre Schrödinger-Gleichung auf

$$\left(-\frac{\hbar^2}{2m}\frac{d^2}{dx^2} + V(x)\right)\Psi(x) = -\frac{\hbar^2}{2m}\frac{d^2\Psi(x)}{dx^2} = E\Psi(x).$$

Da kein Potenzial vorhanden ist, reduziert sich ebenfalls die Gesamtenergie, nämlich auf $E = E_{kin} + E_{pot} = E_{kin}$, und man kann dementsprechend mit $E = \frac{p^2}{2m} = \frac{\hbar^2 k^2}{2m}$ die Schrödinger-Gleichung auf die Form

$$\frac{d^2\Psi(x)}{dx^2} = -k^2\Psi(x)$$

bringen. Diese Differentialgleichung wird durch den Ansatz

$$\Psi(x) = A \cdot e^{ikx} + B \cdot e^{-ikx}$$

gelöst.

Im Fall des freien Teilchens handelt es sich um eine einfache Rechnung. Im folgenden Abschnitt soll ein weiteres, etwas umfangreicheres, jedoch ebenfalls vergleichsweise einfaches Beispiel anhand des harmonischen Oszillators demonstriert werden. An dieser Stelle soll aber betont werden, dass nicht alle quantenmechanischen Systeme so leicht mithilfe der Schrödinger-Gleichung gelöst werden können.

3.3   Der quantenmechanische harmonische Oszillator

3.3.1   Lösung mithilfe der Schrödinger-Gleichung

Im Folgenden sollen die Eigenfunktionen und Eigenwerte des eindimensionalen, quantenmechanischen harmonischen Oszillators bestimmt und interpretiert werden[6]. Zu Beginn wird dazu die Hamilton-Funktion

$$H_{\text{klassisch}}(p, x) = \frac{p^2}{2m} + \frac{m\omega^2 x^2}{2} \tag{3.3}$$

des Oszillators betrachtet, wobei m die Masse und ω die Eigenfrequenz des schwingungsfähigen Systems darstellt. Geht man in den quantenmechanischen Fall über, so wird nach den bekannten Ersetzungsregeln[7] der Impuls p durch den Impulsoperator $\hat{p} = -i\hbar\frac{\mathrm{d}}{\mathrm{d}x}$ ersetzt und Gl. (3.3) wird damit zu

$$\hat{H} = -\frac{\hbar^2}{2m}\frac{\mathrm{d}^2}{\mathrm{d}x^2} + \frac{m\omega^2 x^2}{2}.$$

Die Hamilton-Funktion H ist somit zu einem Operator $\hat{H}$ – dem sogenannten Hamilton-Operator – geworden. Um dieses quantenmechanische, schwingende System zu beschreiben, ist es nötig, die zeitunabhängige Schrödinger-Gleichung (3.2) zu lösen – also

$$\left[-\frac{\hbar^2}{2m}\frac{\mathrm{d}^2}{\mathrm{d}x^2} + \frac{m\omega^2 x^2}{2}\right]\psi(x) = E\psi(x). \tag{3.4}$$

Damit die Rechnungen im Folgenden übersichtlicher werden, soll zunächst eine Funktion $\phi(u) = \psi(x)$ definiert werden, wobei

$$u := \frac{x}{a} \text{ und } a := \sqrt{\frac{\hbar}{m\omega}}$$

---

[6] Da in den meisten Büchern der theoretischen Physik die Lösung mittels Operator-Methode (siehe folgender Abschnitt) erfolgt, orientiert sich dieser Abschnitt hauptsächlich an Fließbach (2018) [17], S. 80 bis 86.

[7] Vergleiche Scherer (2010) [10], S. 245

als Substitutionen vorgenommen werden. Am Schluss dieses Abschnitts wird dann wiederum resubstituiert, sodass man die Lösung von Gl. (3.4) erhält. Aus diesen Substitutionen ergeben sich die Ableitungen

$$\frac{d\psi(x)}{dx} = \frac{d\phi(u)}{du} \cdot \frac{du}{dx} = \frac{d\phi(u)}{du} \cdot \frac{1}{a} = \frac{d\phi(u)}{du} \cdot \sqrt{\frac{m\omega}{\hbar}},$$

$$\frac{d^2\psi(x)}{dx^2} = \frac{d^2\phi(u)}{du^2} \cdot \frac{m\omega}{\hbar},$$

die man nun in Gl. (3.4) einsetzen kann:

$$-\frac{\hbar^2}{2m}\frac{d^2\phi(u)}{du^2}\frac{m\omega}{\hbar} + \frac{1}{2}m\omega^2\frac{\hbar}{m\omega}u^2\phi(u) = E\phi(u)$$

$$\Leftrightarrow \qquad -\frac{\hbar\omega}{2}\frac{d^2\phi(u)}{du^2} + \frac{\hbar\omega}{2}u^2\phi(u) = E\phi(u)$$

$$\Leftrightarrow \qquad -\frac{d^2\phi(u)}{du^2} + u^2\phi(u) = \frac{2E}{\hbar\omega}\phi(u)$$

$$\Leftrightarrow \qquad -\frac{d^2\phi(u)}{du^2} + u^2\phi(u) = b\phi(u) \text{ mit } b := \frac{2E}{\hbar\omega}.$$

Nach Umstellen und der Umnotation $\frac{d^2\phi(u)}{du^2} = \phi''(u)$ ergibt sich folgende, übersichtlichere Differentialgleichung, die nun gelöst werden soll:

$$\phi''(u) + (b - u^2)\phi(u) = 0. \tag{3.5}$$

Als Lösungsansatz dieser linearen, homogenen Differentialgleichung soll eine Fallunterscheidung herangezogen werden, bei der zum einen das Verhalten von $\phi(u)$ für den Fall „u sehr klein" und zum anderen für den Fall „u sehr groß" untersucht werden soll.

Fall 1: u sehr klein: In diesem Fall wird Gl. (3.5) mit $\lim_{u \to 0}$ zu

$$\phi''(u) + b\,\phi(u) = 0.$$

Die Lösung dieser Differenzialgleichung ist aus der klassischen Diskussion des harmonischen Oszillators bekannt und lautet:

$$\phi(u) = A \cdot \cos(\sqrt{b}u) + B \cdot \sin(\sqrt{b}u). \tag{3.6}$$

Würde E negative Werte annehmen, so würde $\sqrt{b}$ imaginär werden. Dieser Fall kann jedoch ausgeschlossen werden, da E *ausschließlich positive* Werte annehmen wird. Dies wird in den folgenden Rechnungen deutlich werden.

Fall 2: u sehr groß: In diesem Fall wird Gl. (3.5) mit $\lim\limits_{b \to 0}$ (Mathematisierung von $b \ll u$) zu

$$\phi''(u) - u^2 \, \phi(u) = 0.$$

In diesem Fall kann man die Lösung mit

$$\phi(u) = e^{\pm \frac{u^2}{2}},$$

$$\phi'(u) = (\pm u)e^{\pm \frac{u^2}{2}},$$

$$\phi''(u) = u^2 e^{\pm \frac{u^2}{2}} \pm e^{\pm \frac{u^2}{2}}$$

$$= (u^2 + 1)e^{\pm \frac{u^2}{2}}$$

approximieren, denn für „u sehr groß" gilt $(u^2 + 1) \approx u^2$ und damit ist

$$\phi''(u) \approx u^2 e^{\pm \frac{u^2}{2}},$$

was die Differentialgleichung *näherungsweise* löst. Man kann daher als Lösungs-ansatz $\phi(u) = H_1(u) \cdot e^{-\frac{u^2}{2}} + H_2(u) \cdot e^{+\frac{u^2}{2}}$ angeben. überlegt man sich nun, wie die Graphen der beiden Summanden aussehen, so fällt auf, dass der erste Summand die Form einer Gauß-Kurve (multipliziert mit einer weiteren Funktion $H_1(u)$) hat, der zweite Summand wächst für $u \to \infty$ und $u \to -\infty$ gegen '∞'. Da nur der erste Summand normierbar ist, kommt nur dieser für weitere Betrachtungen in Frage, und man kann den Lösungsansatz auf

$$\phi(u) = H(u) \cdot e^{-\frac{u^2}{2}} \tag{3.7}$$

reduzieren. Die Notwendigkeit der Normierbarkeit folgt aus der physikalischen Wahrscheinlichkeitsinterpretation, die für die Gesamtaufenthaltswahrscheinlichkeit $\int\limits_{-\infty}^{+\infty} |\psi(x)|^2 \mathrm{d}x = 1$ impliziert[8].

---

[8] Vergleiche Grawert (1989) [18], S. 9

Gleichung (3.7) kann man nun zwei mal differenzieren und in Gl. (3.5) einsetzen:

$$\phi(u) = H(u) \cdot e^{-\frac{u^2}{2}},$$

$$\phi'(u) = H'(u)e^{-\frac{u^2}{2}} - uH(u)e^{-\frac{u^2}{2}},$$

$$\phi''(u) = H''(u)e^{-\frac{u^2}{2}} - uH'(u)e^{-\frac{u^2}{2}} - H(u)e^{-\frac{u^2}{2}} - uH'(u)e^{-\frac{u^2}{2}} + u^2 H(u)e^{-\frac{u^2}{2}}$$

$$= H''(u)e^{-\frac{u^2}{2}} - 2uH'(u)e^{-\frac{u^2}{2}} - H(u)e^{-\frac{u^2}{2}} + u^2 H(u)e^{-\frac{u^2}{2}}.$$

$$\overset{(3.5)}{\Rightarrow} \quad \left[H''(u) - 2uH'(u) + (u^2 - 1)H(u) \right] e^{-\frac{u^2}{2}} + (b - u^2)H(u)e^{-\frac{u^2}{2}} = 0.$$

Nach Division von $e^{-\frac{u^2}{2}}$ heben sich die Summanden $u^2 H(u)$ und $-u^2 H(u)$ gegenseitig weg, und man erhält folgende Differentialgleichung, welche den Lösungsansatz (3.7) berücksichtigt und die es anschließend zu lösen gilt:

$$H''(u) - 2uH'(u) + (b - 1)H(u) = 0. \tag{3.8}$$

Zwei einfache Lösungen können aus dieser Gleichung schnell abgelesen werden:

Lösung 1: $H(u) = const. \Rightarrow H'(u) = H''(u) = 0$ und die Gleichung reduziert sich zu

$$(b - 1) \cdot c = 0.$$

Diese Gleichung wird gelöst, wenn entweder $c = 0$ oder $(b - 1) = 0$ ist. Ist $c = 0$, so wird Gl. (3.7) zu null und die Wellenfunktion würde verschwinden. Daher muss der Faktor $(b - 1)$ gleich null sein, was der Fall ist, wenn $b = 1$ ist. Damit folgt aus der gesetzten Substitution $b = \frac{2E}{\hbar\omega}$ vom Anfang dieses Abschnitts

$$E = \frac{1}{2}\hbar\omega.$$

In Kombination mit Gl. (3.7) sieht man, dass die ersten beiden nichtverschwindenden Glieder der Taylor-Reihe dieser Lösung mit der Entwicklung der Kosinusfunktion aus Gl. (3.6) übereinstimmen.

Lösung 2: $H(u) = u \Rightarrow H'(u) = 1$ und $H''(u) = 0$. Gleichung (3.8) wird zu

$$-2u + (b - 1)u = 0.$$

Daraus folgt, dass $b = 3$ ist, und man erhält mit $b = \frac{2E}{\hbar\omega}$ die Energie

$$E = \frac{3}{2}\hbar\omega.$$

Hier stimmen die beiden ersten nichtverschwindenden Glieder mit der Entwicklung der Sinusfunktion aus Gl. (3.6) überein.

Die Form von Gl. (3.8) legt die Form von Polynomen für $H(u)$ nahe[9]. Daher kann man zunächst einen Potenzreihenansatz

$$H(u) = \sum_{l=0}^{\infty} a_l u^l$$

wählen, wobei $a_l = \frac{1}{l!} H^{(l)}(0)$. Gleich wird festgestellt werden, dass aus der Potenzreihe aufgrund einer Abbruchbedingung ein Polynom wird. Hierbei sollen folgende Nebenrechnungen helfen. Man stellt dazu Gl. (3.8) um:

$$H''(u) = 2uH'(u) + (1 - b)H(u)$$
$$\overset{u=0}{\longrightarrow} H''(0) = (1 - b)H(0),$$
$$H'''(u) = 2H'(u) + 2uH''(u) + (1 - b)H'(u)$$
$$= 2uH''(u) + (3 - b)H'(u)$$
$$\overset{u=0}{\longrightarrow} H'''(0) = (3 - b)H'(0),$$
$$H^{(4)}(u) = 2H''(u) + 2uH'''(u) + (3 - b)H''(u)$$
$$= 2uH'''(u) + (5 - b)H''(u)$$
$$\overset{u=0}{\longrightarrow} H^{(4)}(0) = (5 - b)H''(0) = (5 - b)(1 - b)H(0),$$
$$H^{(5)}(u) = 2H'''(u) + 2uH^{(4)}(u) + (5 - b)H'''(u)$$
$$= 2uH^{(4)} + (7 - b)H'''(u)$$
$$\overset{u=0}{\longrightarrow} H^{(5)}(0) = (7 - b)H'''(u) = (7 - b)(3 - b)H'(0),$$
$$\dots$$

---

[9] Vergleiche Grawert (1989) [18], S. 12

Berechnet man nun die ersten Koeffizienten a_i, so ist eine Struktur erkennbar:

$$a_0 = H(0),$$

$$a_1 = H'(0),$$

$$a_2 = \frac{1}{2!}H''(0) = \frac{1}{2!}(1 - b)H(0) = \frac{1}{2!}(1 - b)a_0,$$

$$a_3 = \frac{1}{3!}H'''(0) = \frac{1}{3!}(3 - b)H'(0) = \frac{1}{3!}(3 - b)a_1,$$

$$a_4 = \frac{1}{4!}H^{(4)}(0) = \frac{1}{4!}(5 - b)(1 - b)H(0) = \frac{1}{4!}(5 - b)(1 - b)a_0,$$

$$a_5 = \frac{1}{5!}H^{(5)}(0) = \frac{1}{5!}(7 - b)(3 - b)H'(0) = \frac{1}{5!}(7 - b)(3 - b)a_1,$$

$$a_6 = \frac{1}{6!}H^{(6)}(0) = \frac{1}{6!}(9 - b)(5 - b)(1 - b)H(0) = \frac{1}{6!}(9 - b)(5 - b)(1 - b)a_0,$$

$$a_7 = \frac{1}{7!}H^{(7)}(0) = \frac{1}{7!}(11 - b)(7 - b)(3 - b)H'(0) = \frac{1}{7!}(11 - b)(7 - b)(3 - b)a_1,$$

...

$$a_{k+2} = \frac{2k + 1 - b}{(k + 2)(k + 1)}a_k.$$

Bei Betrachtung dieser Iteration fällt auf, dass die Koeffizienten a_0 und a_1 frei wählbar sind und alle *geraden* Koeffizienten von a_0 und alle *ungeraden* Koeffizienten von a_1 bestimmt werden. Nun soll das Verhalten dieser Koeffizienten für große und gerade, bzw. ungerade k betrachtet werden: Das asymptotische Verhalten

$$\lim_{k \to \infty} a_{k+2} = \lim_{k \to \infty} \frac{2k + 1 - b}{(k + 2)(k + 1)}a_k = \lim_{k \to \infty} \frac{2k + 1 - b}{k^2 + 3k + 2}a_k$$

$$= \lim_{k \to \infty} \frac{2 + \frac{1}{k} - \frac{b}{k}}{k + 3 + \frac{2}{k}}a_k \sim \frac{2}{k}a_k \text{ für große } k$$

sorgt dafür, dass $H(u) = \sum_{l=0}^{\infty} a_l u^l \sim e^{+u^2}$. Gemeinsam mit dem Faktor $e^{-\frac{u^2}{2}}$ aus Gl. (3.7) ergibt sich ein symptotisches Verhalten $\sim e^{+\frac{u^2}{2}}$, was allerdings einer Normierbarkeit der Lösung $\phi(u)$ widerspricht. Damit die Normierbarkeit erfüllt ist, muss also die Reihe abbrechen, was genau dann der Fall ist, wenn b einen der Werte

$$b_n = 2n + 1 \text{ mit } n \in \mathbb{N}_0$$

annimmt. Die möglichen Energiewerte $E = \frac{b}{2}\hbar\omega$ sind also nur diejenigen, die die Gestalt

$$E_n = \frac{2n+1}{2}\hbar\omega$$

annehmen. Die ersten Energiewerte lauten demnach $E_0 = \frac{1}{2}\hbar\omega$, $E_1 = \frac{3}{2}\hbar\omega$, $E_2 = \frac{5}{2}\hbar\omega$, usw. Die Quantelung der Energie folgt hier also aus der Forderung nach der Normierbarkeit der Lösung und ist somit mit der Wahrscheinlichkeitsinterpretation des Betragsquadrats der Wellenfunktion verknüpft.

Zusammenfassung der Ergebnisse: Die entsprechenden Eigenfunktionen des Oszillators lassen sich mit der Formel

$$\psi_n(x) = \left(\frac{m\omega}{\pi\hbar}\right)^{\frac{1}{4}} \frac{1}{\sqrt{2^n \cdot n!}} H_n\left(\sqrt{\frac{m\omega}{\hbar}}x\right) e^{-\frac{m\omega}{2\hbar}x^2} \tag{3.9}$$

zusammenfassen, wobei

$$H_n(y) = e^{\frac{y^2}{2}}\left(y - \frac{d}{dy}\right)^n e^{-\frac{y^2}{2}}$$

die sogenannten *hermiteschen Polynome* sind[10]. Die entsprechenden Energiewerte, die angenommen werden können, sind gequantelt mit

$$E_n = \frac{2n+1}{2}\hbar\omega.$$

Für die ersten drei n-Werte ($n = 0, 1, 2$) ist dies in Abbildung 3.1 dargestellt. Die vertikale Achse hat dabei eine zweifache Bedeutung: Auf ihr ist zum einen die Energie aufgetragen, und zum anderen dient sie den Funktionswerten der Eigenfunktionen $\psi_n(x)$. Die Eigenfunktionen sind also auf den zu ihnen gehörigen Energiewerten aufgetragen, und man kann die geraden Linien der Energieniveaus als eine Art Verschiebung der x-Achse betrachten.

---

[10] Vergleiche Fließbach (2018) [17], S. 84 bis 86

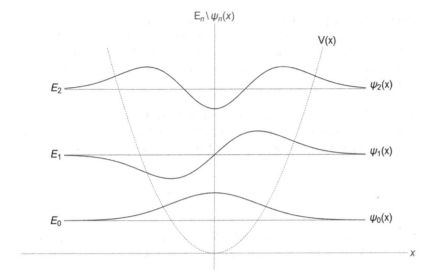

Abbildung 3.1 Lösungen von $\psi_n(x)$ des eindimensionalen Oszillators. Diese Graphik orientiert sich an Fließbach (2018) [17], S. 84

Abschließend kann festgehalten werden, dass man die Schrödinger-Glei-chung für den harmonischen Oszillator explizit lösen kann. Hierbei kommen Rechentechniken aus der Analysis zum Einsatz, die auch bei anderen dynamischen Systemen wie z.b. dem Wasserstoffatom angewandt werden. Andererseits gibt es speziell für den harmonischen Oszillator eine weitere Möglichkeit, um auf die gewünschten Ergebnisse zu kommen, die mit einigen mathematischen Hilfsmitteln aus der Theorie der linearen Operatoren auf eine elegante und transparente Weise zum Ziel führen. Dazu bedient man sich des abstrakten Hilbert-Raums.

3.3.2   Lösung mit der Dirac'schen Operatormethode

Die folgenden Rechnungen sind von außerordentlicher Relevanz für die Physik und für die weiteren Abschnitte dieser Arbeit, da man sie auf viele verschiedene Gebiete der Physik übertragen kann[11]. Diese Übertragbarkeit auf andere Teilgebiete der Physik erkannte auch schon Paul A. M. Dirac und schrieb: „This example is

---

[11] Vergleiche Grawert (1989) [18], S. 152

of importance for general theory, because it forms a corner-stone in the theory of radiation."[12] Die Relevanz dieses „Meilensteins" – wie Dirac die algebraische Methode nennt – wird im Laufe dieser Arbeit immer wieder deutlich und soll im Folgenden erläutert werden. Der eindimensionale harmonische Oszillator wird dazu im Hilbert-Raum betrachtet.

Energien des quantenmechanischen harmonischen Oszillators
Zu Beginn soll der Hamilton-Operator betrachtet werden, da er die möglichen Energien eines physikalischen Systems angibt. Für den harmonischen Oszillator lautet dieser

$$\hat{H} = \frac{\hbar\omega}{2}\left(\frac{\hat{p}^2}{\alpha^2\hbar^2} + \alpha^2\hat{x}^2\right) \text{ mit } \alpha = \sqrt{\frac{m\omega}{\hbar}}. \tag{3.10}$$

Die beiden Operatoren $\hat{p}$ und $\hat{x}$ sind dabei hermitesche Operatoren in einem Hilbert-Raum, von denen verlangt wird, dass sie die Heisenberg'sche Vertauschungsrelation

$$\left[\hat{p}, \hat{x}\right] = \hat{p}\hat{x} - \hat{x}\hat{p} = \frac{\hbar}{i} \tag{3.11}$$

erfüllen[13]. Neben dieser Voraussetzung werden außerdem zwei neue Operatoren $\hat{b}$ und $\hat{b}^\dagger$ definiert, die die weiteren Rechnungen prägen werden:

$$\hat{b} = \frac{1}{\sqrt{2}}\left(\alpha\hat{x} + \frac{i}{\hbar\alpha}\hat{p}\right),$$

$$\hat{b}^\dagger = \frac{1}{\sqrt{2}}\left(\alpha\hat{x} - \frac{i}{\hbar\alpha}\hat{p}\right).$$

Für den Kommutator von $\hat{b}$ und $\hat{b}^\dagger$ gilt

$$\left[\hat{b}, \hat{b}^\dagger\right] = 1. \tag{3.12}$$

Die entsprechende Rechnung dazu findet sich in Abschnitt 7.3. Man erkennt schnell, dass die neuen Operatoren $\hat{b}$ und $\hat{b}^\dagger$ die Operatoren $\hat{x}$ und $\hat{p}$ ersetzen. Schreibt man nun also den Hamilton-Operator in Abhängigkeit von $\hat{b}$ und $\hat{b}^\dagger$,

---

[12] Aus Dirac (1958) [19], S. 136
[13] Vergleiche Grawert (1989) [18], S. 152

$$\hat{H} = \frac{\hbar\omega}{\hbar\omega}\left(\hat{H} - \frac{1}{2} + \frac{1}{2}\right) = \hbar\omega\left(\hat{b}^\dagger\hat{b} + \frac{1}{2}\right), \qquad (3.13)$$

so folgt die zeitunanbhängige Schrödinger-Gleichung

$$\hat{H}\,|\varphi\rangle = \hbar\omega\left(\hat{b}^\dagger\hat{b} + \frac{1}{2}\right)|\varphi\rangle = E\,|\varphi\rangle$$

$$\Leftrightarrow \hat{b}^\dagger\hat{b}\,|\varphi\rangle = \left(\frac{E}{\hbar\omega} - \frac{1}{2}\right)|\varphi\rangle,$$

die man mit der Substitution $\hat{N} = \hat{b}^\dagger\hat{b} = \hat{b}^\dagger(\hat{b}^\dagger)^\dagger = \left(\hat{b}^\dagger\hat{b}\right)^\dagger = \hat{N}^\dagger$ ($\hat{N}$ wird auch Besetzungszahloperator genannt[14]) auf die Form

$$\hat{N}\,|\lambda\rangle = \lambda\,|\lambda\rangle$$

bringen kann. Dabei wird angenommen, dass $|\lambda\rangle$ normiert ist. Man hat also nun die Eigenwertgleichung des Besetzungszahloperators $\hat{N}$ erhalten. Die Energieeigenwerte des eindimensionalen harmonischen Oszillators lassen sich nach Äquivalenzumformung folgendermaßen berechnen[15]:

$$E_\lambda = \hbar\omega\left(\lambda + \frac{1}{2}\right).$$

Zu diesem Zeitpunkt ist allerdings noch nicht bekannt, welche Werte λ annehmen kann. Es ist lediglich bekannt, dass λ reelle Werte annehmen kann, da der Operator $\hat{N}$ hermitesch ist[16]. Daher sollen nun einige Überlegungen folgen, die die möglichen Werte für λ einschränken werden:

Überlegung 1 $\lambda \geq 0$. Denn es gilt:

$$\lambda = \langle\lambda\hat{b}^\dagger\hat{b}\rangle\lambda = \langle\lambda\hat{b}^\dagger\,|\psi\rangle\rangle = \langle\psi|\psi\rangle \geq 0,$$

da ein Skalarprodukt $\langle\psi|\psi\rangle$ stets positiv-semidefinit ist[17].

---

[14] Siehe Freudenstein (2016) [20], S. 106

[15] Die vorangegangenen Rechnungen orientieren sich an denen von Scherer (2010) [10], S. 285

[16] Siehe Nolting (2013) [21], S. 160

[17] Vergleiche Freudenstein (2016) [20], S. 53

Überlegung 2 $\lambda = 0 \Leftrightarrow \hat{b} |0\rangle = 0$, was aus der Eigenwertgleichung folgt. Man kann die „Hin-" sowie die „Rückrichtung" dieser Äquivalenz folgendermaßen zeigen:

„$\Rightarrow$" : Es sei $|\psi\rangle = \hat{b} |0\rangle$ mit $|0\rangle \neq 0$ und $\hat{N} |0\rangle = 0$.

Dann gilt $\langle\psi \,|\, \psi\rangle = \langle 0| \,\hat{b}^\dagger \hat{b} \,|0\rangle = \langle 0| \,\hat{N} \,|0\rangle = 0 \;\Rightarrow\; |\psi\rangle \overset{!}{=} 0$.

„$\Leftarrow$" : Es sei $|0\rangle \neq 0$ mit $\hat{b} |0\rangle = 0$.

Dann folgt $\hat{N} |0\rangle = \hat{b}^\dagger \hat{b} |0\rangle = 0 = 0 |0\rangle \;\Rightarrow\; \lambda = 0$.

Überlegung 3 $\hat{b} |\lambda\rangle$ ist Eigenzustand zu $\hat{N}$ mit Eigenwert $\lambda - 1$, denn

$$
\begin{aligned}
\hat{N}\hat{b} |\lambda\rangle &= \left([\hat{N}, \hat{b}] + \hat{b}\hat{N} \right) |\lambda\rangle \\
&= \left([\hat{b}^\dagger \hat{b}, \hat{b}] + \hat{b}\lambda \right) |\lambda\rangle \\
&= \left(\hat{b}^\dagger [\hat{b}, \hat{b}] + [\hat{b}^\dagger, \hat{b}]\hat{b} + \hat{b}\lambda \right) |\lambda\rangle \\
&\overset{(3.12)}{=} \left(\hat{b}^\dagger \cdot 0 + (-1)\hat{b} + \hat{b}\lambda \right) |\lambda\rangle \\
&= (-\hat{b} + \hat{b}\lambda) |\lambda\rangle \\
&= (\lambda - 1)\hat{b} |\lambda\rangle \,.
\end{aligned}
$$

$\hat{b}^\dagger |\lambda\rangle$ ist Eigenzustand zu $\hat{N}$ mit Eigenwert $\lambda + 1$, denn

$$
\begin{aligned}
\hat{N}\hat{b}^\dagger |\lambda\rangle &= \left([\hat{N}, \hat{b}^\dagger] + \hat{b}^\dagger \hat{N} \right) |\lambda\rangle \\
&= \left([\hat{b}^\dagger \hat{b}, \hat{b}^\dagger] + \hat{b}^\dagger \lambda \right) |\lambda\rangle \\
&= \left(\hat{b}^\dagger [\hat{b}, \hat{b}^\dagger] + [\hat{b}^\dagger, \hat{b}^\dagger]\hat{b} + \hat{b}^\dagger \lambda \right) |\lambda\rangle \\
&\overset{(3.12)}{=} \left(\hat{b}^\dagger \cdot 1 + 0 \cdot \hat{b} + \hat{b}^\dagger \lambda \right) |\lambda\rangle \\
&= (\hat{b}^\dagger + \hat{b}^\dagger \lambda) |\lambda\rangle \\
&= (\lambda + 1)\hat{b}^\dagger |\lambda\rangle \,.
\end{aligned}
$$

Wenn also $\hat{b}$ auf den Eigenvektor $|\lambda\rangle$ wirkt, so verringert sich der Eigenwert um 1. Der Operator $\hat{b}^\dagger$ hingegen erhöht den Eigenwert um 1 bei Anwendung auf $|\lambda\rangle$. Aus diesem Grund nennt man $\hat{b}^\dagger$ auch *Erzeugungsoperator* und $\hat{b}$ *Vernichtungsoperator*. Generell werden die beiden Operatoren auch *Leiteroperatoren* genannt, da sie dafür sorgen, dass sie die Energiewerte wie auf einer Leiter nach oben bzw. nach unten springen lassen[18].

Überlegung 4 $\lambda \in \mathbb{N}_0$. Nimmt man nämlich an, dass $\lambda \in \mathbb{R}$ ist, so kann man durch mehrmaliges Anwenden von $\hat{b}$ auf $|\lambda\rangle$ einen Eigenwert x erzeugen, der zwischen 0 und 1 liegt, also

$$0 < x < 1.$$

Wendet man $\hat{b}$ nun ein weiteres mal auf $|\lambda\rangle$ an, so entsteht wegen der Relation $\hat{N}\hat{b}|\lambda\rangle = (\lambda - 1)\hat{b}|\lambda\rangle$ ein Eigenwert, der kleiner als 0 ist, nämlich

$$x - 1 < 0.$$

Dies steht aber im Widerspruch zu Überlegung 1, nämlich dass die Eigenwerte nur positive Werte oder den Wert 0 annehmen dürfen. Die Schlussfolgerung dieses kleinen Widerspruchbeweises ist also, dass $\lambda \in \mathbb{N}_0$[19]. Insbesondere ist damit gezeigt, dass der kleinstmögliche Eigenwert $\lambda = 0$ ist.

Schlussfolgerungen aus den Überlegungen: Aus den vorangegangenen Rechnungen erkennt man zwei Ergebnisse für die Energie des quantenmechanischen harmonischen Oszillators[20]:

1. Der quantenmechanische harmonische Oszillator kann nicht *beliebige* Energiewerte annehmen. Man stellt eine Quantisierung der Energien fest, die einen äquidistanten Abstand von $|E_i - E_{i+1}| = \hbar\omega$ mit $i \in \mathbb{N}_0$ haben. Dies ist ein Unterschied zur klassischen Mechanik, in der der harmonische Oszillator tatsächlich *beliebige* Energiewerte $E_i \geq 0$ annehmen kann.
2. Der Grundzustand hat eine von null verschiedene Energie $E_0 = \frac{1}{2}\hbar\omega$ und unterscheidet sich damit ebenfalls von der klassischen Physik: Der niedrigste Energiezustand des harmonischen Oszillators der klassischen Mechanik ist $E_0 = 0$, nämlich dann, wenn das schwingungsfähige System in Ruhe ist. Diesen Fall gibt

---

[18] Vergleiche Steinhauser (2017) [22], S. 403
[19] Vergleiche Steinhauser (2017) [22], S. 403
[20] Vergleiche zu diesen Ergebnissen Freudenstein (2016) [20], S. 108

es in der Quantenmechanik nicht. Die Energie $E_0 \neq 0$ im quantenmechanischen Fall wird auch *Nullpunktsenergie* genannt.

Bedeutung der Leiteroperatoren $\hat{b}$ und $\hat{b}^\dagger$: Wie bereits erkannt, beschreibt $\hat{b}^\dagger |n\rangle$ den Eigenzustand zum Eigenwert $(n+1)$ und $\hat{b}$ den Eigenzustand zum Eigenwert $(n-1)$. Man kann also schreiben:

$$\hat{b}^\dagger |n\rangle = c_+ |n+1\rangle \, ,$$

$$\hat{b} |n\rangle = c_- |n-1\rangle \, .$$

Bildet man jeweils die Norm, so erhält man die Ausdrücke

$$\langle n| \, \hat{b}\hat{b}^\dagger \, |n\rangle = \langle n| \, [\hat{b}, \hat{b}^\dagger] + \hat{b}^\dagger\hat{b} \, |n\rangle = \langle n| \cdot (1 + \hat{N}) \, |n\rangle = (n+1) \, \langle n|n\rangle$$

$$= (n+1) = |c_+|^2 \, ,$$

$$\langle n| \, \hat{b}^\dagger\hat{b} \, |n\rangle = \langle n| \, \hat{N} \, |n\rangle = n \, \langle n \, | \, n \rangle = n = |c_-|^2 \, ,$$

was durch einfache Äquivalenzumformung auf

$$|c_+| = \sqrt{n+1} \, ,$$

$$|c_-| = \sqrt{n} \, ,$$

führt. Man wählt als Phasenkonvention[21]

$$\hat{b}^\dagger |n\rangle = \sqrt{n+1} \, |n+1\rangle \, ,$$

$$\hat{b} |n\rangle = \sqrt{n} \, |n-1\rangle \, .$$

Wendet man nun $\hat{b}^\dagger$ – beginnend bei $|0\rangle$ – sukzessive auf die entsprechenden Zustände an, so erhält man alle möglichen Eigenzustände des harmonischen Oszillators:

---

[21] Vergleiche Schubert (1993) [23], S. 248

$$\hat{b}^\dagger \,|0\rangle = \sqrt{0+1}\,|0+1\rangle = |1\rangle\,,$$

$$\hat{b}^\dagger \,|1\rangle = \sqrt{1+1}\,|1+1\rangle = \sqrt{2}\,|2\rangle\,,$$

$$\hat{b}^\dagger \,|2\rangle = \sqrt{2+1}\,|2+1\rangle = \sqrt{3}\,|3\rangle\,,$$

$$\hat{b}^\dagger \,|3\rangle = \sqrt{3+1}\,|3+1\rangle = \sqrt{4}\,|4\rangle\,,$$

$$\dots$$

$$\hat{b}^\dagger \,|n\rangle = \sqrt{n+1}\,|n+1\rangle\,,$$

$$\Leftrightarrow |n\rangle = \frac{1}{\sqrt{n!}}\left(\hat{b}^\dagger\right)^n |n=0\rangle\,. \tag{3.14}$$

Eigenfunktionen des quantenmechanischen harmonischen Oszillators
Nachdem mithilfe der Operatoren $\hat{b}$ und $\hat{b}^\dagger$ die Energien des quantenmechanischen, harmonischen Oszillators gefunden wurden, stellt sich nun die Frage, wie Kontakt zu den Energieeigenfunktionen der stationären Schrödinger-Gleichung aus dem vorherigen Abschnitt hergestellt werden kann. Es gilt

$$\hat{b}\,|0\rangle = 0. \tag{3.15}$$

Somit gilt auch[22]:

$$\langle x|\,\hat{b}\,|0\rangle = 0 = \frac{1}{\sqrt{2}}\,\langle x|\,\frac{i}{\alpha\hbar}\,\hat{p} + \alpha\hat{x}\,|0\rangle$$

$$\Leftrightarrow -\alpha^2\,\langle x|\,\hat{x}\,|0\rangle = \frac{i}{\hbar}\,\langle x|\,\hat{p}\,|0\rangle$$

$$\Leftrightarrow -\alpha^2 x\,\langle x|0\rangle = \frac{i}{\hbar}\,\langle x|\,\frac{\hbar}{i}\,\frac{\mathrm{d}}{\mathrm{d}x}\,|0\rangle$$

$$\Leftrightarrow -\alpha^2 x\,\psi_0(x) = \psi_0'(x).$$

Dies ist eine lineare Differenzialgleichung ersten Grades und hat als Lösung[23]

$$\psi_0(x) = N_0 \cdot e^{-\frac{1}{2}\alpha^2 x^2} \text{ mit } N_0 = \sqrt{\frac{\alpha}{\sqrt{\pi}}}.$$

Der Grundzustand hat also die Form einer Gauß'schen Glockenkurve. Durch n-faches Anwenden des Erzeugungsoperators $\hat{b}^\dagger$ auf die Lösung des Grundzustands

---

[22] Vergleiche mit Rechnungen von Scherer (2009), [10], S. 286 bis 287
[23] Vergleiche Freudenstein (2016) [20], S. 111

kann man sukzessive alle weiteren Eigenfunktionen konstruieren. Die allgemeine
Formel der n-ten Eigenfunktion lautet[24]

$$\psi_n(x) = \frac{1}{n!}\left(\sqrt{\frac{m\omega}{2\hbar}} \cdot x + \frac{\hbar}{\sqrt{2m\hbar\omega}} \cdot \frac{\mathrm{d}}{\mathrm{d}x}\right)^n \psi_0(x),$$

mit der man nun alle weiteren Eigenfunktionen rekursiv berechnen kann. Hierbei
handelt es sich genau um die Eigenfunktionen aus Gl. (3.9).

---

[24] Vergleiche Freudenstein (2016) [20], S. 111

Die Rolle des harmonischen Oszillators in der Quantenfeldtheorie

4

Die Quantenfeldtheorie führt die Quantenmechanik und die klassische Feldtheorie in *einer* Theorie zusammen. Während die nichtrelativistische Quantenmechanik Systeme mit fest vorgegebenen Anzahlen von Teilchen beschreiben kann, können im Rahmen der relativistischen Quantenfeldtheorie Reaktionen untersucht werden, in denen Teilchen erzeugt und vernichtet werden und somit insbesondere die Anzahl der Teilchen nicht konstant bleibt. Um die Zusammenhänge der Quantenfeldtheorie in dieser Arbeit besser zu verstehen, soll zunächst die *klassische* Feldtheorie anhand des klassischen Strahlungsfeldes wiederholt werden. Nachdem diese Grundlagen rekapituliert wurden, muss der Lagrange-Formalismus aus der klassischen Mechanik auf relativistische Felder übertragen bzw. erweitert werden, um anschließend die Quantisierung von Feldern vorzunehmen. Damit ist man dann in der Quantenfeldtheorie angekommen.

4.1 Das klassische Strahlungsfeld

4.1.1 Die Wellengleichung

Zur mathematischen Beschreibung elektromagnetischer Strahlung gelten als Grundlage die vier *Maxwell-Gleichungen*[1] (hier im Gauß'schen Einheitssystem)

---

[1] Siehe Bartelmann et. al. (2015) [9], S. 398 und 404

© Der/die Autor(en), exklusiv lizenziert durch Springer Fachmedien Wiesbaden GmbH, ein Teil von Springer Nature 2021
N. Wego, *Der harmonische Oszillator*, BestMasters,
https://doi.org/10.1007/978-3-658-36010-8_4

39

$$\vec{\nabla} \cdot \vec{B} = 0, \qquad\qquad \vec{\nabla} \cdot \vec{E} = 4\pi\rho,$$

$$\vec{\nabla} \times \vec{B} = \frac{4\pi}{c}\vec{J} + \frac{1}{c}\frac{\partial\vec{E}}{\partial t}, \qquad\qquad \vec{\nabla} \times \vec{E} = -\frac{1}{c}\frac{\partial\vec{B}}{\partial t},$$

wobei sich das $\vec{B}$- sowie das $\vec{E}$-Feld mithilfe eines Vektorpotenzials $\vec{A}$ und eines skalaren Potenzials ϕ als

$$\vec{B} = \vec{\nabla} \times \vec{A} \qquad\qquad (4.1)$$

und

$$\vec{E} = -\vec{\nabla}\phi - \frac{1}{c}\frac{\partial\vec{A}}{\partial t} \qquad\qquad (4.2)$$

ausdrücken lassen. Anhand dieser fundamentalen Gleichungen soll nun in wenigen Schritten eine Gleichung zur Beschreibung einer sich im Vakuum ausbreitenden elektromagnetischen Welle hergeleitet werden – die Wellengleichung. Dazu setzt man zunächst die Gleichungen (4.1) und (4.2) in die zweite und dritte Maxwell-Gleichung ein und erhält so

(1)
$$\vec{\nabla} \cdot \left(-\vec{\nabla}\phi - \frac{1}{c}\frac{\partial}{\partial t}\vec{A}\right) = 4\pi\rho$$

$$\Leftrightarrow \Delta\phi + \frac{1}{c}\frac{\partial}{\partial t}\vec{\nabla} \cdot \vec{A} = -4\pi\rho \text{ und}$$

(2)
$$\vec{\nabla} \times (\vec{\nabla} \times \vec{A}) = \frac{4\pi}{c}\vec{J} + \frac{1}{c}\frac{\partial}{\partial t}\left(-\vec{\nabla}\phi - \frac{1}{c}\frac{\partial}{\partial t}\vec{A}\right)$$

$$\Leftrightarrow \Delta\vec{A} - \vec{\nabla}(\vec{\nabla} \cdot \vec{A}) - \frac{1}{c^2}\frac{\partial^2}{\partial t^2}\vec{A} - \vec{\nabla}\left(\frac{1}{c}\frac{\partial}{\partial t}\phi\right) = -\frac{4\pi}{c}\vec{J}.$$

Im letzten Schritt wurde vom *Satz von Schwarz* Gebrauch gemacht. Auf diese Gleichungen wird nun die sogenannte Coulomb-Eichung[2] $\vec{\nabla} \cdot \vec{A} = 0$ angewendet, welche die Gleichungen zu

---

[2] Vergleiche Bartelmann et. al. (2015) [9], S. 405 bis 406

(1') $\Delta\phi = -4\pi\rho$ und

(2') $\Delta\vec{A} - \dfrac{1}{c^2}\dfrac{\partial^2}{\partial t^2}\vec{A} - \vec{\nabla}\left(\dfrac{1}{c}\dfrac{\partial}{\partial t}\phi\right) = -\dfrac{4\pi}{c}\vec{J}$

vereinfacht. Wie bereites erwähnt, wird hier der Fall einer elektromagnetischen Welle im Vakuum (d.h. $\rho = 0$ und $\vec{J} = \vec{0}$) betrachtet. Daher vereinfachen sich die Gleichungen noch weiter zu

(1'') $\Delta\phi = 0$ und

(2'') $\Delta\vec{A} - \dfrac{1}{c^2}\dfrac{\partial^2}{\partial t^2}\vec{A} - \vec{\nabla}\left(\dfrac{1}{c}\dfrac{\partial}{\partial t}\phi\right) = 0.$

Wenn in Abwesenheit spezieller Randbedingungen für das skalare Potenzial $\phi = 0$ gesetzt wird, folgt aus (1'') und (2'') nun die Wellengleichung

$$\left(\Delta - \frac{1}{c^2}\frac{\partial}{\partial t^2}\right)\vec{A} = 0 \qquad (4.3)$$

einer sich im Vakuum ausbreitenden elektromagnetischen Welle. Mithilfe dieser Differenzialgleichung ist es möglich, Vorhersagen über die räumliche Gestalt in Abhängigkeit der Zeit t zu treffen. Wie *genau* dabei das Vektorpotential aussieht, soll im nächsten Abschnitt gezeigt werden.

4.1.2 Das Vektorpotenzial

Das Vektorpotenzial wird häufig zur Darstellung elektrischer und magnetischer Felder – und damit auch zur Darstellung der entsprechenden Differenzialgleichung elektromagnetischer Felder – benutzt. Es stellt sich allerdings die Frage, wie ein solches $\vec{A}$ aussieht, da es im Grunde genommen nur ein mathematisches Hilfsmittel für die entsprechenden Rechnungen darstellt. Man kann zunächst durch folgende Rechnung feststellen:

Transversalität Beim Vektorpotenzial $\vec{A}$ handelt es sich um ein transversales Feld, denn es gilt

$$\vec{A}(\vec{x}) = \int \frac{d^3k}{(2\pi)^{3/2}} \tilde{\vec{A}}(\vec{k})\, e^{i\vec{k}\cdot\vec{x}},$$

$$\vec{\nabla} \cdot \vec{A}(\vec{x}) = \vec{\nabla} \cdot \int \frac{d^3k}{(2\pi)^{3/2}} \tilde{\vec{A}}(\vec{k})\, e^{i\vec{k}\cdot\vec{x}} = \int \frac{d^3k}{(2\pi)^{3/2}} \vec{\nabla} \cdot \left(\tilde{\vec{A}}(\vec{k})\, e^{i\vec{k}\cdot\vec{x}} \right)$$

$$= i \int \frac{d^3k}{(2\pi)^{3/2}} \vec{k} \cdot \tilde{\vec{A}}(\vec{k})\, e^{i\vec{k}\cdot\vec{x}} = 0.$$

Da die Exponentialfunktion immer ungleich null ist, muss $\vec{k} \cdot \tilde{\vec{A}}(\vec{k}) = 0 \; \forall\, \vec{k}$ gelten, woraus folgt, dass jede Fourier-Komponente $\tilde{\vec{A}}(\vec{k})$ orthogonal auf $\vec{k}$ steht[3].

Das zeitabhängige Vektorpotenzial $\vec{A}(t, \vec{x})$ ist kontinuierlich und hat überabzählbar viele Freiheitsgrade. Im Hinblick auf die Quantisierung des Strahlungsfeldes ist es jedoch einfacher, wenn man es nur mit abzählbar vielen Freiheitsgraden zu tun hat. Daher soll im Folgenden das Vektorpotenzial auf einem endlichen Volumen $V = L^3$ (hier also ein Würfel der Kantenlänge L) betrachtet werden, bei dem man periodische Randbedingungen voraussetzt:

$$\vec{A}(t, x + L, y, z) = \vec{A}(t, x, y, z),$$
$$\vec{A}(t, x, y + L, z) = \vec{A}(t, x, y, z),$$
$$\vec{A}(t, x, y, z + L) = \vec{A}(t, x, y, z).$$

Am Ende der Betrachtung wird dann die Kantenlänge L des Würfels unendlich groß gezogen, sodass der allgemeine Fall eintritt[4].

Fourier-Reihe Periodische Felder auf einem Hyperkubus können durch eine *Fourier-Reihe* entwickelt werden. Im allgemeinen Fall hat eine solche Reihe, die eine periodische Funktion f approximieren soll, die Gestalt

$$f(x) = \frac{1}{\sqrt{a}} \sum_{n=-\infty}^{\infty} a_n e^{i k_n x}.$$

Periodische Funktionen können also durch eine Überlagerung von Sinus- und Kosinusfunktionen approximiert werden[5].

---

[3] Vergleiche Rollnik (2002) [24], S. 60
[4] Vergleiche Münster (2010) [25], S. 266
[5] Vergleiche Butz (2012) [26], S. 5

Im Fall der elektromagnetischen Welle im Volumen $V = L^3$ sieht diese Reihe dann folgendermaßen aus:

$$\vec{A}(t, \vec{x}) = \sum_{r,k} N(\vec{k}) \left(a_r(t, \vec{k}) e^{i\vec{k}\cdot\vec{x}} + a_r^*(t, \vec{k}) e^{-i\vec{k}\cdot\vec{x}} \right) \vec{\varepsilon}_r(\vec{k}).$$

Dabei gibt der Vektor $\vec{\varepsilon}_r(\vec{k})$ mit $r = 1, 2$ die Richtung der linearen Polarisation des Vektorpotenzials für *jeden* $\vec{k}$-Wert an. Es wird also über alle denkbaren $\vec{k}$ summiert. Insbesondere gilt wegen der Transversalität $\vec{k} \cdot \vec{\varepsilon}_r(\vec{k}) = 0$. In der Klammer steht nun eine Summe aus dem Summanden $\vec{a}_r(t, \vec{k}) e^{i\vec{k}\cdot\vec{x}}$ und dessen komplex konjugiertem $\vec{a}_r^*(t, \vec{k}) e^{-i\vec{k}\cdot\vec{x}}$, um sicherzustellen, dass $\vec{A}(t, \vec{x})$ nur *reelle* Werte annehmen kann. Der Vorfaktor $N(\vec{k})$ sorgt für die Normierung des Vektorpotenzials und wird im weiteren Verlauf genauer definiert.

Die Zeitabhängigkeit dieser Reihe ist zu diesem Zeitpunkt in den Koeffizienten $\vec{a}_r(t, \vec{k})$ und $\vec{a}_r^*(t, \vec{k})$ enthalten. Mithilfe der Wellengleichung (4.3) ergibt sich als Differenzialgleichung

$$\frac{1}{c^2} \frac{\partial^2}{\partial t^2} a_r(t, \vec{k}) + \vec{k}^2 a_r(t, \vec{k}) = 0.$$

Die Lösung dieser Gleichung ist

$$a_r(t, \vec{k}) = a_{r,\vec{k}} e^{\pm i\omega(\vec{k})t},$$

wobei dabei die Dispersionsrelation $\omega(\vec{k}) = c|\vec{k}|$ berücksichtigt ist. Das „$\pm$" im Exponenten sorgt dafür, dass auch wirklich zwei Lösungen der Differentialgleichung existieren[6].

Somit folgt der allgemeine Ausdruck für das Vektorpotenzial $\vec{A}(t, \vec{x})$, der die Wellengleichung (4.3) erfüllt:

$$\vec{A}(t, \vec{x}) = \sum_{r,\vec{k}} \sqrt{\frac{2\pi\hbar c^2}{V\omega(\vec{k})}} \left(a_{r,\vec{k}} e^{i(\vec{k}\cdot\vec{x} - \omega(\vec{k})t)} + a_{r,\vec{k}}^* e^{-i(\vec{k}\cdot\vec{x} - \omega(\vec{k})t)} \right) \vec{\varepsilon}_r(\vec{k}). \qquad (4.4)$$

Hier wurde der Vorfaktor $N(\vec{k}) = \sqrt{\frac{2\pi\hbar c^2}{V\omega(\vec{k})}}$ gesetzt. Anhand dieser Darstellung des Vektorpotenzials, der Maxwell-Gleichungen sowie der Formel für die Energiedichte

---

[6] Vergleiche dazu Stepanov (2010) [27], S. 238 bis 239

elektromagnetischer Felder kann im Folgenden die Energie U des elektromagnetischen Feldes bestimmt werden.

4.1.3 Energie des elektromagnetischen Feldes

Um die Energie U des elektromagnetischen Feldes zu berechnen, bildet man das Integral der Energiedichte des elektromagnetischen Feldes[7]

$$\omega_{em} = \frac{1}{8\pi}(\vec{E}^2 + \vec{B}^2),$$

über das Volumen V, also

$$U = \frac{1}{8\pi}\int_V \left(\vec{E}^2 + \vec{B}^2\right)d^3x \overset{(4.1);(4.2)}{=} \frac{1}{8\pi}\int_V \left(\frac{1}{c^2}\dot{\vec{A}}^2 + (\vec{\nabla}\times\vec{A})^2\right)d^3x.$$

Man kann den zweiten Summanden des Volumenintegrals mithilfe der Nebenrechnung in Abschnitt 7.4 zu

$$(\vec{\nabla}\times\vec{A})^2 = \vec{\nabla}\cdot[\vec{A}\times(\vec{\nabla}\times\vec{A})] + \vec{A}\cdot[\vec{\nabla}\times(\vec{\nabla}\times\vec{A})]$$
$$= \vec{A}\cdot[\vec{\nabla}\times(\vec{\nabla}\times\vec{A})]$$

umschreiben. Im letzten Schritt wurde die Eigenschaft verwendet, dass die Divergenz einer Rotation immer gleich null ist. Betrachtet man zunächst separat das Integral

$$\int_V (\vec{\nabla}\times\vec{A})^2 d^3x = \int_V \vec{A}\cdot[\vec{\nabla}\times(\vec{\nabla}\times\vec{A})]d^3x$$
$$= \int_V \vec{A}\cdot\vec{\nabla}(\vec{\nabla}\cdot\vec{A} - \Delta\vec{A})d^3x$$
$$= -\int_V \vec{A}\cdot(\Delta\vec{A})d^3x$$
$$= -\frac{1}{c^2}\int_V \vec{A}\cdot\ddot{\vec{A}}d^3x,$$

---

[7] Vergleiche Bartelmann et al. (2015) [9], S. 402

kann man anschließend die Energie des elektromagnetischen Feldes mithilfe dieser Nebenrechnungen schreiben als

$$U = \frac{1}{8\pi} \int_V \left(\vec{E}^2 + \vec{B}^2 \right) d^3x = \frac{1}{8\pi} \frac{1}{c^2} \int_V \left(\dot{\vec{A}} \cdot \dot{\vec{A}} - \vec{A} \cdot \ddot{\vec{A}} \right) d^3x \qquad (4.5)$$

und dort die Fourier-Entwicklung (4.4) des Vektorpotenzials einsetzen. Bevor das stattfindet, werden zunächst aber in zwei Nebenrechnungen die zeitlichen Ableitungen berechnet, die für die Berechnung der Energie notwendig sind. Hierfür soll der Übersicht halber eine Substitution vorgenommen werden, nämlich

$$\vec{u}_{r,\vec{k}}(\vec{x}) := \frac{1}{\sqrt{V}} \vec{\varepsilon}_r(\vec{k}) e^{i\vec{k}\cdot\vec{x}} \text{ und}$$

$$\vec{u}^*_{r,\vec{k}}(\vec{x}) := \frac{1}{\sqrt{V}} \vec{\varepsilon}_r(\vec{k}) e^{-i\vec{k}\cdot\vec{x}}.$$

Damit vereinfacht sich der Ausdruck für das Vektorpotenzial aus Gl. (4.4) zu

$$\vec{A}(t,\vec{x}) = \sum_{r,\vec{k}} \sqrt{\frac{2\pi \hbar c^2}{\omega(\vec{k})}} \left(a_{r,\vec{k}} \vec{u}_{r,\vec{k}} e^{-i\omega(\vec{k})t} + a^*_{r,\vec{k}} \vec{u}^*_{r,\vec{k}} e^{i\omega(\vec{k})t} \right),$$

und die zeitlichen Ableitungen lauten

$$\dot{\vec{A}}(t,\vec{x}) = \sum_{r,\vec{k}} i\omega(\vec{k}) \sqrt{\frac{2\pi \hbar c^2}{\omega(\vec{k})}} \left(-a_{r,\vec{k}} \vec{u}_{r,\vec{k}} e^{-i\omega(\vec{k})t} + a^*_{r,\vec{k}} \vec{u}^*_{r,\vec{k}} e^{i\omega(\vec{k})t} \right) \text{ und}$$

$$\ddot{\vec{A}}(t,\vec{x}) = -\sum_{r,\vec{k}} \omega^2(\vec{k}) \sqrt{\frac{2\pi \hbar c^2}{\omega(\vec{k})}} \left(a_{r,\vec{k}} \vec{u}_{r,\vec{k}} e^{-i\omega(\vec{k})t} + a^*_{r,\vec{k}} \vec{u}^*_{r,\vec{k}} e^{i\omega(\vec{k})t} \right).$$

Damit kann man dann die Ausdrücke $\dot{\vec{A}} \cdot \dot{\vec{A}}$ und $\vec{A} \cdot \ddot{\vec{A}}$ berechnen. Hierbei ist zu beachten, dass es sich bei der jeweiligen Multiplikation um zwei *verschiedene* Vektorpotenziale (also auch verschiedene r, verschiedene $\vec{k}$ und verschiedene $\omega(\vec{k})$) handelt. Dies wird durch r und r', $\vec{k}$ und $\vec{k}'$ sowie $\omega(\vec{k})$ und $\omega(\vec{k}')$ berücksichtigt. An dieser Stelle sollen folgende Definitionen benutzt werden, um die Übersichtlichkeit der darauf folgenden Rechnungen zu erhalten:

$$\omega := \omega(\vec{k}), \qquad a := a_{r,\vec{k}}, \qquad \vec{u} := \vec{u}_{r,\vec{k}},$$
$$\omega' := \omega(\vec{k}'), \qquad a' := a_{r',\vec{k}'}, \qquad \vec{u}' := \vec{u}_{r',\vec{k}'}.$$

Damit kann man nun die Ausdrücke $\dot{\vec{A}} \cdot \dot{\vec{A}}$ und $\vec{A} \cdot \ddot{\vec{A}}$ berechnen:

1.) $\displaystyle \dot{\vec{A}} \cdot \dot{\vec{A}} = i^2 2\pi \hbar c^2 \sum_{r,r',\vec{k},\vec{k}'} \frac{\omega\omega'}{\sqrt{\omega}\sqrt{\omega'}} \Big[\left(-a\vec{u}e^{-i\omega t} + a^*\vec{u}^* e^{i\omega t} \right) \cdot \left(-a'\vec{u}'e^{-i\omega' t} \right.$

$\left. + a'^*\vec{u}'^* e^{i\omega' t} \right) \Big]$

$\displaystyle = -2\pi \hbar c^2 \sum_{r,r',\vec{k},\vec{k}'} \frac{\omega\omega'}{\sqrt{\omega}\sqrt{\omega'}} \Big[aa'\vec{u} \cdot \vec{u}'e^{-i(\omega+\omega')t} - aa'^*\vec{u} \cdot \vec{u}'^* e^{-i(\omega-\omega')t}$

$\displaystyle - a^*a'\vec{u}^* \cdot \vec{u}'e^{i(\omega-\omega')t} + a^*a'^*\vec{u}^* \cdot \vec{u}'^* e^{i(\omega+\omega')t} \Big]$

2.) $\displaystyle \vec{A} \cdot \ddot{\vec{A}} = -2\pi \hbar c^2 \sum_{r,r',\vec{k},\vec{k}'} \frac{\omega'^2}{\sqrt{\omega}\sqrt{\omega'}} \Big[\left(a\vec{u}e^{-i\omega t} + a^*\vec{u}^* e^{i\omega t} \right) \cdot \left(a'\vec{u}'e^{-i\omega' t} \right.$

$\left. + a'^*\vec{u}'^* e^{i\omega' t} \right) \Big]$

$\displaystyle = -2\pi \hbar c^2 \sum_{r,r',\vec{k},\vec{k}'} \frac{\omega'^2}{\sqrt{\omega}\sqrt{\omega'}} \Big[aa'\vec{u} \cdot \vec{u}'e^{-i(\omega+\omega')t} + aa'^*\vec{u} \cdot \vec{u}'^* e^{-i(\omega-\omega')t}$

$\displaystyle + a^*a'\vec{u}^* \cdot \vec{u}'e^{i(\omega-\omega')t} + a^*a'^*\vec{u}^* \cdot \vec{u}'^* e^{i(\omega+\omega')t} \Big].$

Setzt man diese Berechnungen in Gl. (4.5) für die Energie des elektromagnetischen Feldes ein, so folgt

$$U = \frac{1}{8\pi} \frac{1}{c^2} \int_V d^3x \; \Bigg[-2\pi \hbar c^2 \Bigg(\Bigg(\sum_{r,r',\vec{k},\vec{k}'} \frac{\omega\omega'}{\sqrt{\omega}\sqrt{\omega'}} \Big[aa'\vec{u} \cdot \vec{u}'e^{-i(\omega+\omega')t} - aa'^*\vec{u} \cdot \vec{u}'^*$$

$$\times e^{-i(\omega-\omega')t} - a^*a'\vec{u}^* \cdot \vec{u}'e^{i(\omega-\omega')t} + a^*a'^*\vec{u}^* \cdot \vec{u}'^* e^{i(\omega+\omega')t} \Big] \Bigg)$$

$$- \Bigg(\sum_{r,r',\vec{k},\vec{k}'} \frac{\omega'^2}{\sqrt{\omega}\sqrt{\omega'}} \Big[aa'\vec{u} \cdot \vec{u}'e^{-i(\omega+\omega')t} + aa'^*\vec{u} \cdot \vec{u}'^* e^{-i(\omega-\omega')t} + a^*a'\vec{u}^* \cdot \vec{u}$$

$$\times e^{i(\omega-\omega')t} + a^*a'^*\vec{u}^* \cdot \vec{u}'^* e^{i(\omega+\omega')t} \Big] \Bigg) \Bigg) \Bigg].$$

Für die Substitutionsterme $\vec{u} = \vec{u}_{r,\vec{k}}(\vec{x})$ und $\vec{u}^* = \vec{u}^*_{r,\vec{k}}(\vec{x})$ gilt

$$\int_V d^3x\, \vec{u}^*_{r',\vec{k}'}(\vec{x}) \cdot \vec{u}_{r,\vec{k}}(\vec{x}) = \delta_{r',r}\delta_{\vec{k}',\vec{k}},$$

da die Vektoren $\vec{\varepsilon}_r(\vec{k})$ für verschiedene r senkrecht aufeinander stehen. Für verschiedene Werte von $\vec{k}$ gilt

$$\frac{1}{V}\int d^3x\, e^{-i\vec{k}'\cdot\vec{x}}e^{i\vec{k}\cdot\vec{x}} = \delta_{\vec{k}',\vec{k}}.$$

Wendet man diese Identitäten auf die Energiegleichung an, so hat man alle r' durch r, alle $\vec{k}'$ durch $\vec{k}$ und somit auch alle ω' durch ω zu ersetzen, da diese von $\vec{k}$ bzw. von $\vec{k}'$ abhängen. Dadurch heben sich die Mischterme, die durch das Ausmultiplizieren entstanden sind weg, und man kann U anschließend noch weiter vereinfachen:

$$
\begin{aligned}
U ={}& \frac{1}{8\pi}\frac{1}{c^2}\Bigg[-2\pi\hbar c^2\Bigg(\Bigg(\sum_{r,\vec{k}}\frac{\omega^2(\vec{k})}{\sqrt{\omega(\vec{k})}\sqrt{\omega(\vec{k})}}\Big[a_{r,\vec{k}}a_{r,\vec{k}}e^{-2i\omega(\vec{k})t} - a_{a,\vec{k}}a^*_{r,\vec{k}}e^0 \\
&\quad - a^*_{r,\vec{k}}a_{r,\vec{k}}e^0 + a^*_{r,\vec{k}}a^*_{r,\vec{k}}e^{2i\omega(\vec{k})t}\Big]\Bigg) \\
&\quad - \Bigg(\sum_{r,\vec{k}}\frac{\omega^2(\vec{k})}{\sqrt{\omega(\vec{k})}\sqrt{\omega(\vec{k})}}\Big[a_{r,\vec{k}}a_{r,\vec{k}}e^{-2i\omega(\vec{k})t} + a_{a,\vec{k}}a^*_{r,\vec{k}}e^0 + a^*_{r,\vec{k}}a_{r,\vec{k}}e^0 \\
&\quad + a^*_{r,\vec{k}}a^*_{r,\vec{k}}e^{2i\omega(\vec{k})t}\Big]\Bigg)\Bigg)\Bigg] \\
={}& -\frac{1}{4}\Bigg[\sum_{r,\vec{k}}\hbar\omega(\vec{k})\Big[-2\big(a_{r,\vec{k}}a^*_{r,\vec{k}} + a^*_{r,\vec{k}}a_{r,\vec{k}}\big)\Big]\Bigg] \\
={}& \frac{1}{2}\sum_{r,\vec{k}}\hbar\omega(\vec{k})\big(a_{r,\vec{k}}a^*_{r,\vec{k}} + a^*_{r,\vec{k}}a_{r,\vec{k}}\big) \qquad\qquad (4.6)\\
={}& \sum_{r,\vec{k}}\hbar\omega(\vec{k})a^*_{r,\vec{k}}a_{r,\vec{k}}.
\end{aligned}
$$

Im letzten Schritt wurden die $a_{r,\vec{k}}$ und $a^*_{r,\vec{k}}$ vertauscht, weswegen sich der Faktor 2 vor $a^*_{r,\vec{k}}a_{r,\vec{k}}$ mit $\frac{1}{2}$ weggehoben hat. Für spätere Betrachtungen, in denen $a_{r,\vec{k}}$ und $a^*_{r,\vec{k}}$ jeweils als Operatoren aufgefasst werden, die nicht unbedingt miteinander vertauschen, darf dieser Schritt natürlich nicht gemacht werden. Deswegen ist die Nummerierung, auf die sich im weitern Verlauf bezogen wird, hinter der vorletzten Gleichung gesetzt worden.

4.2   Lagrange-Formalismus für relativistische Felder

In diesem Abschnitt soll der bereits aus Kapitel 2 für die Mechanik bekannte Lagrange-Formalismus auf Felder übertragen werden. Während in der klassischen Mechanik verallgemeinerte Koordinaten $q_i(t)$ für die Lokalisierung eines Teilchens verwendet wurden, werden nun Felder $\Phi_i(t, \vec{x})$ als dynamische Variablen eingeführt. Da $\vec{x}$ beliebige Punkte im Raum charakterisiert, spricht man nun von (überabzählbar) unendlich vielen dynamischen Freiheitsgraden. In einem Zwischenschritt unterteilt man den $\mathbb{R}^3$ in Zellen $Z_{\vec{r}}$. Man ordnet also jeder Zelle $Z_{\vec{r}}$ ein Zahlentripel (i, j, k) $(i, j, k \in \mathbb{N})$ zu und kann so den gesamten dreidimensionalen Raum beschreiben. Die Feinheit des Gitters lässt sich mithilfe des Volumens der fundamentalen Zelle kontrollieren. Der Einfachheit halber wird ein Feld $\Phi(t, \vec{x})$ betrachtet und man bezeichnet dessen Mittelwert in der durch $\vec{r}$ gekennzeichneten Zelle mit $\Phi_{\vec{r}}(t)$[8].

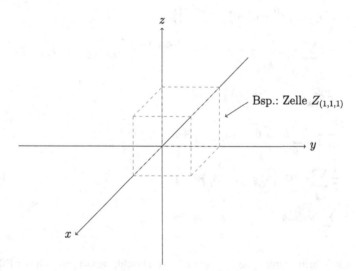

---

[8] Vergleiche Scherer (2010) [10], S. 230 und 231

Dann kann man die Lagrange-Funktion angeben als die Summe der einzelnen Lagrange-Funktionen $L_{\vec{r}}(t)$ der Zellen $Z_{\vec{r}}$, nämlich

$$L(t) = \sum_{\vec{r}} L_{\vec{r}}(t) = \sum_{\vec{r}} \delta V \mathcal{L}_{\vec{r}}.$$

Hierbei bezeichnet $\mathcal{L}_{\vec{r}}$ den Mittelwert der Lagrange-Dichte $\frac{L_{\vec{r}}(t)}{\delta V}$ in der durch $\vec{r}$ bezeichneten Zelle. Lässt man nun die Volumina δV gegen null laufen, so erhält man

$$L(t) = \int d^3x \, \mathcal{L}. \tag{4.7}$$

4.2.1 Skalare Felder

Die Lagrange-Dichte eines *skalaren* Feldes lässt sich in natürlichen Einheiten ($\hbar = c = 1$) schreiben als

$$\mathcal{L} = (\Phi(x), \partial_\mu \Phi(x)),$$

wobei

$$\partial_\mu \Phi(x) = \frac{\partial \Phi(x)}{\partial x^\mu} = \left(\frac{\partial \Phi(x)}{\partial t}, \frac{\partial \Phi(x)}{\partial x}, \frac{\partial \Phi(x)}{\partial y}, \frac{\partial \Phi(x)}{\partial z} \right), \text{ mit } x^\mu = (t, x, y, z)$$

gilt[9]. Die Lagrange-Funktion ist somit nach Gl. (4.7)

$$L(t) = \int_{\mathbb{R}^3} d^3x \, \mathcal{L}(\Phi(x), \partial_\mu \Phi(x)).$$

Analog zur Mechanik wird die Variationsrechnung benutzt, um die Euler-Lagrange-Gleichungen für dieses System herzuleiten. Dazu definiert man eine Funktion

$$\Phi_\varepsilon(x) = \Phi(x) + \varepsilon h(x) = \Phi(x) + \delta\Phi(x)$$

mit

---

[9] Vergleiche Scherer (2016) [28], S. 424

$$h(x) = 0 \; \forall \, x \in \partial R, \tag{4.8}$$

wobei ∂R den Rand von R darstellt. $\Phi_\varepsilon(x)$ ist also eine Variation von $\Phi(x)$. Differenziert nach ε ergibt dies

$$\frac{\partial \Phi_\varepsilon(x)}{\partial \varepsilon} = h(x). \tag{4.9}$$

Desweiteren definiert man die Funktion

$$F(\varepsilon) = \int_R d^4x \mathcal{L}(\Phi_\varepsilon(x), \partial_\mu \Phi_\varepsilon(x)) = \int_R d^4x \mathcal{L}(\Phi(x) + \varepsilon h(x), \partial_\mu \Phi(x) + \varepsilon \partial_\mu h(x)),$$

bei der gilt: $F(0) = S[\Phi]$. Diese Funktion lässt sich Taylor-entwickelt auch folgendermaßen schreiben:

$$F(\varepsilon) = \int_R d^4x \, \mathcal{L}(\Phi(x), \partial_\mu \Phi(x)) + \varepsilon \int_R d^4x \left(h(x) \frac{\partial \mathcal{L}}{\partial \Phi(x)} + \partial_\mu h(x) \frac{\partial \mathcal{L}}{\partial \partial_\mu \Phi(x)} \right)$$
$$+ O(\varepsilon^2). \tag{4.10}$$

Nun soll F, (total) differenziert nach ε an der Stelle $\varepsilon = 0$, betrachtet werden. Um ein Extremum zu finden, muss dieser Ausdruck gleich null gesetzt werden. Aus Gl. (4.10) folgt somit die Bedingung

$$\frac{dF(0)}{d\varepsilon} = \int_R d^4x \, h(x) \frac{\partial \mathcal{L}}{\partial \Phi(x)} + \int_R d^4x \, \partial^\mu h(x) \frac{\partial \mathcal{L}}{\partial \partial_\mu \Phi(x)} \overset{!}{=} 0.$$

Nun kann man bei dem zweiten Summanden von der Produktregel

$$\partial_\mu h(x) \frac{\partial \mathcal{L}}{\partial \partial_\mu \Phi(x)} = \mathcal{D}_\mu \left(h(x) \frac{\partial \mathcal{L}}{\partial \partial_\mu(x)} \right) - h(x) \mathcal{D}_\mu \frac{\partial \mathcal{L}}{\partial \partial_\mu \Phi(x)}$$

Gebrauch machen, wobei $\mathcal{D}_\mu = \partial_\mu + \partial_\mu \Phi \frac{\partial}{\partial \Phi} + \partial_\mu \partial_\nu \Phi \frac{\partial}{\partial \partial_\nu \Phi}$ ist und für die *totale* Differentiation sorgt. Damit erhält man also

$$\frac{dF(0)}{d\varepsilon} = \int_R d^4x \, h(x) \frac{\partial \mathcal{L}}{\partial \Phi(x)} + \int_R d^4x \, \mathcal{D}_\mu \left(h(x) \frac{\partial \mathcal{L}}{\partial \partial_\mu(x)} \right)$$
$$- \int_R d^4x \, h(x) \mathcal{D}_\mu \frac{\partial \mathcal{L}}{\partial \partial_\mu \Phi(x)} \overset{!}{=} 0.$$

Betrachtet man dabei nun zunächst den zweiten Summanden separat, so kann man feststellen:

$$\int_R d^4x \, \mathcal{D}_\mu \Big(h(x) \frac{\partial \mathcal{L}}{\partial \partial_\mu(x)} \Big) = \int_{\mathbb{R}^3} d^3x \int_{t_1}^{t_2} dt \, \frac{d}{dt} \Big(h \frac{\partial \mathcal{L}}{\partial \dot{\Phi}(x)} \Big)$$

$$+ \int_{t_1}^{t_2} dt \int_{-\infty}^{+\infty} dz \int_{-\infty}^{+\infty} dy \int_{-\infty}^{+\infty} dx \, \frac{d}{dx} \Big(\frac{\partial \mathcal{L}}{\partial \frac{\partial \Phi}{\partial x}} \Big) + \dots$$

$$= \int_{\mathbb{R}^3} d^3x \, \Big[h \frac{\partial \mathcal{L}}{\partial \dot{\Phi}(x)} \Big]_{t_1}^{t_2} + \int_{t_1}^{t_2} dt \int_{-\infty}^{+\infty} dz \int_{-\infty}^{+\infty} dy \, \Big[h \frac{\partial \mathcal{L}}{\partial \frac{\partial \Phi}{\partial x}} \Big]_{-\infty}^{+\infty} + \dots$$

$$= 0.$$

Dabei wurde im letzten Schritt ausgenutzt, dass der erste Summand null wird, da $h(t_1, \vec{x})$ und $h(t_2, \vec{x})$ gleich null sind, und dass der zweite Summand ebenfalls null wird, da $h(t, \vec{x}) = 0$ für $x \to \pm\infty$. Mithilfe dieser Zwischenrechnung erhält man

$$\frac{dF(0)}{d\varepsilon} = \int_R d^4x \, h(x) \Big(\frac{\partial \mathcal{L}}{\partial \Phi(x)} - \mathcal{D}_\mu \frac{\partial \mathcal{L}}{\partial \partial_\mu \Phi(x)} \Big) \overset{!}{=} 0.$$

Da $h(x)$ eine beliebige Funktion mit $h(x) = 0$ auf dem Rand ∂R von R ist, kann der Ausdruck nach dem Fundamentallemma der Variationsrechnung[10] also nur gleich null sein, wenn der Faktor $\frac{\partial \mathcal{L}}{\partial \Phi} - \mathcal{D}_\mu \frac{\partial \mathcal{L}}{\partial \partial_\mu \Phi}$ gleich null ist. Man erhält somit die Euler-Lagrange-Gleichung für das Feld. Hängt die Lagrange-Dichte $\mathcal{L}$ nicht nur von *einem*, sondern von n Feldern $\Phi_i(x)$ ab, so ist eine unabhängige Variation bezüglich n Funktionen $F_i(\varepsilon_i)$ notwendig. Dazu definiert man

$$\Phi_{i, \varepsilon_i}(x) = \Phi_i(x) + \varepsilon_i h_i(x) = \Phi_i(x) + \delta\Phi_i(x), \, i \in [1, n]$$

und löst für alle n Gleichungen das Variationsproblem $\frac{dF_i}{d\varepsilon_i} = 0$. Daraus folgt analog zur obigen Rechnung

$$\frac{\partial \mathcal{L}}{\partial \Phi_i} - \mathcal{D}_\mu \frac{\partial \mathcal{L}}{\partial \partial_\mu \Phi_i} = 0.$$

---

[10] Vergleiche Blanchard und Brüning (1992) [13], S. 82

4.2.2 Das Klein-Gordon-Feld

Das Klein-Gordon-Feld soll hier als Beispiel eines freien, reellen, skalaren Feldes Φ betrachtet werden. Die Differentialgleichung, die die Kinematik dieses relativistischen Feldes beschreibt, ist die Klein-Gordon-Gleichung

$$(\Box + m^2)\Phi(t, \vec{x}) = 0, \tag{4.11}$$

welche im Folgenden mithilfe der relativistischen Energie-Impuls-Beziehung hergeleitet werden soll.

Herleitung der Klein-Gordon-Gleichung

Man startet zur Herleitung mit der Energie-Impuls-Beziehung aus der speziellen Relativitätstheorie[11]

$$E^2 - \vec{p}^{\,2}c^2 = m^2c^4. \tag{4.12}$$

Die erste Quantisierung deutet diese Relation als Gleichung für Operatoren, die auf eine Wellenfunktion $\Phi(t, \vec{x})$ wirken. Man muss also nach den bekannten Regeln die Energie E und den Impuls p in die Operatoren $\hat{E} = i\hbar\frac{\partial}{\partial t}$ und $\hat{\vec{p}} = -i\hbar\vec{\nabla}$ umschreiben. Damit wird Gl. (4.12) zu

$$\left[\left(i\hbar\frac{\partial}{\partial t}\right)^2 - \left(-i\hbar\vec{\nabla}\right)^2 c^2\right]\Phi(t, \vec{x}) = m^2c^4\Phi(t, \vec{x})$$

$$\Leftrightarrow \quad \left[-\hbar^2\frac{\partial^2}{\partial t^2} + \hbar^2\Delta c^2\right]\Phi(t, \vec{x}) = m^2c^4\Phi(t, \vec{x})$$

$$\Leftrightarrow \quad \left[-\frac{1}{c^2}\frac{\partial^2}{\partial t^2} + \Delta\right]\Phi(t, \vec{x}) = \frac{m^2c^2}{\hbar^2}\Phi(t, \vec{x})$$

$$\Leftrightarrow \quad \left[\frac{1}{c^2}\frac{\partial^2}{\partial t^2} - \Delta + \frac{m^2c^2}{\hbar^2}\right]\Phi(t, \vec{x}) = 0$$

$$\Leftrightarrow \quad \left[\Box + \frac{m^2c^2}{\hbar^2}\right]\Phi(t, \vec{x}) = 0.$$

---

[11] Vergleiche Mandl und Shaw (1984) [29], S. 43

Geht man nun in natürliche Einheiten ($\hbar = c = 1$) über, so folgt die Klein-Gordon-Gleichung (4.11).

Lagrange-Dichte des Klein-Gordon-Feldes

Die Lagrange-Dichte, die auf die Klein-Gordon-Gleichung (4.11) führt, lautet

$$\mathcal{L} = \frac{1}{2}\left(\partial_\mu \Phi \partial^\mu \Phi - m^2 \Phi^2\right) = \frac{1}{2}\left(g^{\mu\nu}\partial_\mu \Phi \partial_\nu \Phi - m^2 \Phi^2\right)$$

mit

$$\partial_\mu = \left(\frac{\partial}{\partial t}, \frac{\partial}{\partial x}, \frac{\partial}{\partial y}, \frac{\partial}{\partial z}\right)$$

$$\partial^\mu = \left(\frac{\partial}{\partial t}, -\frac{\partial}{\partial x}, -\frac{\partial}{\partial y}, -\frac{\partial}{\partial z}\right).$$

Zum Aufstellen der Euler-Lagrange-Gleichung führt man folgende Nebenrechnungen durch:

$$\frac{\partial \mathcal{L}}{\partial \Phi} = -m^2 \Phi,$$

$$\frac{\partial \mathcal{L}}{\partial \partial_\rho \Phi} = \frac{1}{2}g^{\mu\nu}\left(\frac{\partial \partial_\mu \Phi}{\partial \partial_\rho \Phi}\partial_\nu \Phi + \partial_\mu \Phi \frac{\partial \partial_\nu \Phi}{\partial \partial_\rho \Phi}\right) = \frac{1}{2}\left(\frac{\partial \partial_\mu \Phi}{\partial \partial_\rho \Phi}\partial^\mu \Phi + \partial^\nu \Phi \frac{\partial \partial_\nu \Phi}{\partial \partial_\rho \Phi}\right)$$

$$= \frac{1}{2}\left(g_\mu{}^\rho \partial^\mu \Phi + \partial^\nu \Phi g_\nu{}^\rho\right) = \frac{1}{2}\left(\partial^\rho \Phi + \partial^\rho \Phi\right) = \partial^\rho \Phi,$$

$$\partial_\rho \frac{\partial \mathcal{L}}{\partial \partial_\rho \Phi} = \partial_\rho \partial^\rho \Phi = \left(\frac{\partial^2}{\partial t^2} - \frac{\partial^2}{\partial x^2} - \frac{\partial^2}{\partial y^2} - \frac{\partial^2}{\partial z^2}\right)\Phi = \Box \Phi.$$

Stellt man nun mithilfe dieser Nebenrechnungen die Euler-Lagrange-Gleichung auf, so führt diese auf die Klein-Gordon-Gleichung

$$0 = \partial_\rho \frac{\partial \mathcal{L}}{\partial \partial_\rho \Phi} - \frac{\partial \mathcal{L}}{\partial \Phi} = \Box \Phi - (-m^2)\Phi = (\Box + m^2)\Phi.$$

4.3   Quantisierung von Feldern

4.3.1   Kanonische Quantisierung des skalaren Feldes

Startpunkt der kanonischen Quantisierung des skalaren Feldes soll hier das aus Abschnitt 4.2 bereits bekannte Verfahren sein, bei dem man den dreidimensionalen Raum $\mathbb{R}^3$ in gleich große Volumina δV aufgeteilt hat und jedem dieser Volumina den Mittelwert des darin befindlichen Feldes mit $\Phi_{\vec{r}}(t)$ zugeordnet hat. Ausgehend von einer Lagrange-Dichte $\mathcal{L}$ führt das Hamilton'sche Prinzip dann auf die Euler-Lagrange-Gleichung

$$\frac{\partial \mathcal{L}}{\partial \Phi} - \mathcal{D}_\mu \frac{\partial \mathcal{L}}{\partial \partial_\mu \Phi} = 0.$$

Analog zur Punktmechanik soll nun diese Lagrange-Dichte verwendet werden, um das kanonisch konjugierte Impulsfeld zu definieren[12]. Auch hier wird wieder der $\mathbb{R}^3$ betrachtet, der in die verschiedenen Volumina aufgeteilt wurde. Wie in der Punktmechanik lautet also der zu $\Phi_{\vec{r}}(t)$ konjugierte Impuls der Zelle $Z_{\vec{r}}$

$$p_{\vec{r}}(t) = \frac{\partial L}{\partial \dot{\Phi}_{\vec{r}}(t)} = \delta V \frac{\partial \mathcal{L}_{\vec{r}}}{\partial \dot{\Phi}_{\vec{r}}(t)} =: \delta V \, \Pi_{\vec{r}}(t). \qquad (4.13)$$

Auch analog zur Punktmechanik lässt sich damit die Hamilton-Funktion aufstellen:

$$H(t) = \sum_{\vec{r}} p_{\vec{r}}(t)\Phi_{\vec{r}}(t) - L(t) = \sum_{\vec{r}} \delta V \big(\Pi_{\vec{r}}(t)\Phi_{\vec{r}}(t) - \mathcal{L}_{\vec{r}}(t)\big).$$

Für das Zurückkehren zur Kontinuumsmechanik lässt man nun die Volumina gegen null laufen ($\delta V \to 0$). Gleichung (4.13) wird somit zu

$$\Pi(t, \vec{x}) = \frac{\partial \mathcal{L}(\Phi, \partial_\mu \Phi)}{\partial \dot{\Phi}(t, \vec{x})},$$

und die Hamilton-Funktion lässt sich schreiben als

$$H(t) = \sum_{\vec{r}} \delta V \big(\Pi_{\vec{r}}(t)\Phi_{\vec{r}}(t) - \mathcal{L}_{\vec{r}}(t)\big) \to \int_{\mathbb{R}^3} \mathrm{d}^3 x \, (\Pi \Phi - \mathcal{L}),$$

---

[12] Die folgenden Ausführungen orientieren sich an denen von Scherer (2016) [28], S. 438 und 439

mit der sogenannten Hamilton-Dichte $\mathcal{H} = \Pi\Phi - \mathcal{L}$. Bis zu dieser Stelle wurden die aus der Punktmechanik bekannten verallgemeinerten Koordinaten $q_i(t)$ auf das Feld $\Phi(t, \vec{x})$, die konjugierten Impulse $p_i(t)$ auf das zu dem Feld $\Phi(t, \vec{x})$ kanonisch konjugierten Impulsfeld $\Pi(t, \vec{x}) = \frac{\partial\mathcal{L}}{\partial\dot{\Phi}(t,\vec{x})}$ übertragen und die Hamilton-Funktion entsprechend angepasst. Nun soll die Quantisierung dieser Felder durchgeführt werden: Man ersetz dazu die dynamischen Variablen $\Phi_{\vec{r}}(t)$ und $\Pi_{\vec{r}}(t)$ durch hermitesche Operatoren, die ebenfalls analog zur Punktmechanik folgende Vertauschungsrelationen erfüllen sollen:

nichtrelativistische Quantenmechanik	quant. Feldtheorie auf diskr. Raum
$[q_i(t), p_j(t)] = i\,\delta_{ij}$	$[\Phi_{\vec{r}}(t), p_{\vec{s}}(t)] = i\,\delta_{\vec{r}\vec{s}}$
$[q_i(t), q_j(t)] = 0$	$[\Phi_{\vec{r}}(t), \Phi_{\vec{s}}(t)] = 0$
$[p_i(t), p_j(t)] = 0$	$[p_{\vec{r}}(t), p_{\vec{s}}(t)] = 0$

Lässt man nun die Volumina wieder gegen null laufen ($\delta V \to 0$), verändert sich in diesem Grenzfall die rechte Tabellenseite:

nichtrelativistische Quantenmechanik	relativistische Quantenfeldtheorie
$[q_i(t), p_j(t)] = i\,\delta_{ij}$	$[\Phi(t, \vec{x}), \Pi(t, \vec{y})] = i\,\delta^3(\vec{x} - \vec{y})$
$[q_i(t), q_j(t)] = 0$	$[\Phi(t, \vec{x}), \Phi(t, \vec{y})] = 0$
$[p_i(t), p_j(t)] = 0$	$[\Pi(t, \vec{x}), \Pi(t, \vec{y})] = 0$

Man bezeichnet diese drei Gleichungen aus der relativistischen Quantenfeldtheorie als die *kanonischen gleichzeitigen Vertauschungsrelationen* (GZVR). Dabei ist der Ausdruck $\delta^3(\vec{x} - \vec{y})$ aus $\lim\limits_{\delta V \to 0} \frac{\delta_{\vec{r}\vec{s}}}{\delta V}$ gemäß der Definition

$$\int_{\mathbb{R}^3} \mathrm{d}^3x\; \delta^3(\vec{x} - \vec{y}) f(\vec{x}) = f(\vec{y})$$

entstanden.

4.3.2 Kanonische Quantisierung des Klein-Gordon-Feldes

Wie bereits gezeigt wurde, führt die Lagrange-Dichte

$$\mathcal{L} = \frac{1}{2}\big(\partial_\mu\Phi\partial^\mu\Phi - m^2\Phi^2\big) = \frac{1}{2}\Big(\frac{\partial\Phi}{\partial x^\mu}\frac{\partial\Phi}{\partial x_\mu} - m^2\Phi^2\Big)$$

auf die Bewegungsgleichung des Klein-Gordon-Feldes, nämlich auf die Klein-Gordon-Gleichung

$$(\Box + m^2)\Phi(t, \vec{x}) = 0.$$

Hamilton-Operator Zum Aufstellen der Hamilton-Dichte $\mathcal{H}$ für dieses Feld berechnet man den konjugierten Impuls Π:

$$\Pi = \frac{\partial \mathcal{L}}{\partial \dot{\Phi}} = \frac{\partial}{\partial \dot{\Phi}}\Big[\frac{1}{2}\Big(\Big(\frac{\partial \Phi}{\partial t}\Big)^2 - \Big(\frac{\partial \Phi}{\partial x}\Big)^2 - \Big(\frac{\partial \Phi}{\partial y}\Big)^2 - \Big(\frac{\partial \Phi}{\partial z}\Big)^2 - m^2\Phi^2\Big)\Big]$$
$$= \frac{1}{2}2\dot{\Phi} = \dot{\Phi}.$$

Daraus folgt

$$\mathcal{H}(\Phi, \Pi) = \Pi\dot{\Phi} - \mathcal{L} = \Pi^2 - \frac{1}{2}\Big(\dot{\Phi}^2 - (\vec{\nabla}\Phi)^2 - m^2\Phi^2\Big)$$
$$= \frac{1}{2}\Big(\Pi^2 + \vec{\nabla}\Phi \cdot \vec{\nabla}\Phi + m^2\Phi^2\Big),$$

und somit ist der Hamilton-Operator

$$H(\Phi, \Pi) = \frac{1}{2}\int d^3x \left(\Pi^2 + \vec{\nabla}\Phi \cdot \vec{\nabla}\Phi + m^2\Phi^2\right).$$

Ein Feld $\Phi(t, \vec{x})$, das zum einen die Klein-Gordon-Gleichung und zum anderen auch die GZVR erfüllt, ist durch den Fourier-Ansatz

$$\Phi(t, \vec{x}) = \int \frac{d^3k}{(2\pi)^3 2\omega(\vec{k})}\Big(a(\vec{k})e^{-i(\omega(\vec{k})t - \vec{k}\cdot\vec{x})} + a^\dagger(\vec{k})e^{i(\omega(\vec{k})t - \vec{k}\cdot\vec{x})}\Big)$$

gegeben, was in Abschnitt 7.5 nachgerechnet wird. Hierbei gilt die relativistische Energie-Impuls-Beziehung $\omega(\vec{k}) = \sqrt{m^2 + \vec{k}^2}$ (mit $\hbar = c = 1$). Die GZVR lauten dann ausgedrückt durch $a(\vec{k})$ und $a^\dagger(\vec{k})$

$$[a(\vec{k}), a^\dagger(\vec{k}')] = (2\pi)^3 2\omega(\vec{k})\delta^3(\vec{k} - \vec{k}'),$$
$$[a(\vec{k}), a(\vec{k}')] = 0,$$
$$[a^\dagger(\vec{k}), a^\dagger(\vec{k}')] = 0.$$

Die genauen Rechnungen dazu sind in Abschnitt 7.8 durchgeführt worden. Neben den GZVR lässt sich auch der Hamilton-Operator durch die Operatoren $a(\vec{k})$ und $a^\dagger(\vec{k})$ ausdrücken (vgl. Nebenrechnung in Abschnitt 7.9):

$$H = \frac{1}{2} \int \widetilde{d^3k} \; \omega(\vec{k}) \left(a^\dagger(\vec{k})a(\vec{k}) + a(\vec{k})a^\dagger(\vec{k}) \right). \tag{4.14}$$

Dabei wurde die Abkürzung $\widetilde{d^3k} = \frac{d^3k}{(2\pi)^3 2\omega(\vec{k})}$ verwendet. Es sei nun $|E\rangle$ ein Eigenzustand von H mit Eigenwert E, d.h. $H|E\rangle = E|E\rangle$. Betrachtet man dann den Ausdruck

$$Ha(\vec{k})|E\rangle = \left(a(\vec{k})H + [H, a(\vec{k})] \right)|E\rangle$$

$$\overset{7.10}{=} \left(H - \omega(\vec{k}) \right)a(\vec{k})|E\rangle$$

$$= \left(E - \omega(\vec{k}) \right)a(\vec{k})|E\rangle$$

sowie (mit analoger Rechnung)

$$Ha^\dagger(\vec{k})|E\rangle = \left(E + \omega(\vec{k}) \right)a^\dagger(\vec{k})|E\rangle ,$$

so stellt man fest, dass die Operatoren $a(\vec{k})$ und $a^\dagger(\vec{k})$ ein Quant mit Energie $\omega(\vec{k})$ erzeugen bzw. vernichten[13]. Diese Eigenschaft ist bereits aus Abschnitt 3.3.2 bekannt und zeigt ein weiteres mal, welche Relevanz dem harmonische Oszillator in der Physik und deren Teilgebieten zukommt. Die Verbindung von relativistischer Feldtheorie und kanonischer Quantisierung lässt somit einen Formalismus entstehen, mit dessen Hilfe die Erzeugung und Vernichtung von Teilchen in Einklang mit der relativistischen Energie-Impuls-Beziehung beschrieben werden kann. Außerdem sei an dieser Stelle noch einmal betont, dass es sich offensichtlich gelohnt hat, den quantenmechanischen Oszillator im Hilbert-Raum mit der algebraischen Methode zu betrachten, da man dadurch die beschriebenen Analogien erkennen konnte. Im nächsten Abschnitt wird Gl. (4.14) dann interpretiert werden als eine unendliche Summe (bzw. Integral) über $\vec{k}$ von unabhängigen Oszillatoren.

---

[13] Vergleiche Bjorken und Drell (1965) [30], S. 38

Impulsoperator Neben dem Hamilton-Operator des Klein-Gordon Feldes soll an dieser Stelle auch in sehr kompakter Form auf den Impulsoperator eingegangen werden. Der Impulsoperator[14] lautet

$$\vec{P} = -\int d^3x \, \Pi \, \vec{\nabla}\Phi.$$

Zur genauen Herleitung dieser Gleichung soll an dieser Stelle auf das Kapitel „Symmetrien und Erhaltungssätze"[15] von Bjorken und Drell (1965) verwiesen werden, um den Umfang des Kapitels in Grenzen zu halten. Der Impulsoperator lässt sich durch analoge Rechnungen zum Hamilton-Operator schreiben als[16]

$$\vec{P} = \int \widetilde{d^3k} \, \vec{k} a^\dagger(\vec{k}) a(\vec{k}).$$

Wenn nun die Eigenwertgleichung $\vec{P}|\vec{p}\rangle = \vec{p}|\vec{p}\rangle$ erfüllt ist, so gelten die Gleichungen

$$\vec{P} a(\vec{k})|\vec{p}\rangle = \left(\vec{p} - \vec{k}\right) a(\vec{k})|\vec{p}\rangle$$
$$\vec{P} a^\dagger(\vec{k})|\vec{p}\rangle = \left(\vec{p} + \vec{k}\right) a^\dagger(\vec{k})|\vec{p}\rangle,$$

was bedeutet, das der Absteigeoperator $a(\vec{k})$ ein Quant mit Impuls $\vec{k}$ vernichtet und der Aufsteigeoperator $a^\dagger(\vec{k})$ ein Quant mit Impuls $\vec{k}$ erzeugt.

4.3.3 Kanonische Quantisierung des Strahlungsfeldes

Wie in Abschnitt 4.1.3 hergeleitet wurde, lässt sich die Energie U des klassischen Strahlungsfeldes mit Gl. (4.6) berechnen, nämlich mit

$$U = \frac{1}{2}\sum_{r,\vec{k}} \hbar\omega(\vec{k})(a_{r,\vec{k}} a^*_{r,\vec{k}} + a^*_{r,\vec{k}} a_{r,\vec{k}}).$$

---

[14] Vergleiche Bjorken und Drell (1965) [30], S. 36
[15] Vergleiche Bjorken und Drell (1965) [30], S. 28 ff.
[16] Vergleiche Scherer (2016) [28], S. 440

Beim Übergang zur Quantenphysik fasst man nun die Ausdrücke $a_{r,\vec{k}}$ und $a^*_{r,\vec{k}}$ wieder als Operatoren $\hat{a}_{r,\vec{k}}$ und $\hat{a}^\dagger_{r,\vec{k}}$ in einem Hilbert-Raum auf, an welche die Forderung gestellt wird, dass sie die Vertauschungsrelation

$$[\hat{a}_{r,\vec{k}}, \hat{a}^\dagger_{s,\vec{k}'}] = \hat{a}_{r,\vec{k}}\hat{a}^\dagger_{s,\vec{k}'} - \hat{a}^\dagger_{s,\vec{k}'}\hat{a}_{r,\vec{k}} = \delta_{r,s}\delta_{\vec{k},\vec{k}'}$$

erfüllen[17]. Nach Umstellen dieser Gleichung und Einsetzen in Gl. (4.6) (Ersetzen der $a_{r,\vec{k}}$ und $a^*_{r,\vec{k}}$ durch Operatoren bereits geschehen) erhält man

$$U = \frac{1}{2}\sum_{r,\vec{k}} \hbar\omega(\vec{k})(\hat{a}^\dagger_{r,\vec{k}}\hat{a}_{r,\vec{k}} + 1 + \hat{a}^\dagger_{r,\vec{k}}\hat{a}_{r,\vec{k}}) = \frac{1}{2}\sum_{r,\vec{k}} \hbar\omega(\vec{k})(2\hat{a}^\dagger_{r,\vec{k}}\hat{a}_{r,\vec{k}} + 1)$$

$$= \sum_{r,\vec{k}} \hbar\omega(\vec{k})\left(\hat{a}^\dagger_{r,\vec{k}}\hat{a}_{r,\vec{k}} + \frac{1}{2}\right). \tag{4.15}$$

Vergleicht man nun diesen Ausdruck mit dem Hamilton-Operator eines quantenmechanischen, harmonischen Oszillators, Gl. (3.13), so fällt auf, dass man das elektromagnetische Strahlungsfeld als (unendliche) Summe einzelner harmonischer Oszillatoren auffassen kann[18], wie sie in Abschnitt 3.3.2 besprochen wurden. Jeder dieser harmonischen Oszillatoren entspricht dabei einem Photon der Energie $\hbar\omega(\vec{k})$, und man kann das elektromagnetische Strahlungsfeld somit als eine Gesamtheit aller dieser Photonen auffassen[19]. Ebenfalls vollkommen analog dazu definiert man nun einen Besetzungszahloperator

$$\hat{N}_{r,\vec{k}} = \hat{a}^\dagger_{r,\vec{k}}\hat{a}_{r,\vec{k}}$$

für jeden einzelnen dieser unendlich vielen Operatoren mit den Eigenwerten $n_{r,\vec{k}} \in \mathbb{N}_0$ und entsprechenden Eigenzuständen

$$\left|n_{r,\vec{k}}\right\rangle = \frac{[\hat{a}^\dagger_{r,\vec{k}}]^{n_{r,\vec{k}}}}{\sqrt{n_{r,\vec{k}}}} \left|0\right\rangle, \tag{4.16}$$

---

[17] Vergleiche Mandl und Shaw (1984) [29], S. 7 und 8
[18] Vergleiche Mandl und Shaw (1984) [29], S. 7 und 8
[19] Vergleiche Landau und Lifschitz (1991) [31], S. 10

was ebenfalls eine vollkommene Analogie zur quantenmechanischen Formel (3.14) aufweist. Man kann folgende zur Quantenmechanik analogen Aussagen über das quantisierte elektromagnetische Feld treffen:

Vakuum: Es existiert ein niedrigster Zustand $|0\rangle$, sodass die Gleichung

$$a_{r,\vec{k}} |0\rangle = 0 \; \forall \, r, \vec{k}$$

erfüllt ist. Dies ist das quantenfeldtheoretische Analogon zu Gl. (3.15) und sagt aus, dass für jedes Lichtquant ein niedrigster Zustand – der Vakuumzustand – gegeben ist. Dieser Zustand ist charakterisiert durch die komplette Abwesenheit von Quanten jeder erdenklichen Energien.

Photonen: Aus dem Vakuumzustand kann man nun durch beliebig mehrmaliges Anwenden des Erzeugungsoperators $\hat{a}^{\dagger}_{r,\vec{k}}$ Photonen (jedes dieser Photonen ist natürlich abhängig von verschiedenen Werten von r und $\vec{k}$) gemäß der Formel (4.16) erzeugen.

Energie: Betrachtet man den Ausdruck für die Energie des quantisierten Strahlungsfeldes, die durch Gl. (4.15) beschrieben wird, so fällt auf, dass es sich um eine unendliche Summe positiver Werte handelt, was zu einer unendlichen Energie dieses Strahlungsfeldes im Grundzustand führen würde. Bjorken und Drell (1965) schlagen als Lösung dieses Widerspruchs vor, eine unendliche Konstante zu subtrahieren, die diese unendliche Energie kompensieren soll. Als Begründung der Gültigkeit dieser Lösung wird angegeben, dass absolute Energien in der Quantenmechanik nicht messbar sind, sondern nur Energiedifferenzen eine physikalische Bedeutung haben[20].

Nachdem nun harmonische Oszillatoren in der Quantenmechanik sowie in der Quantenfeldtheorie beleuchtet wurden, indem man mit Operatoren in einem Hilbert-Raum gerechnet hat, soll im Folgenden ein alternativer Zugang zur Quantenmechanik gegeben werden – der Pfadintegralformalismus.

---

[20] Vergleiche Bjorken und Drell (1965) [30], S. 40

Der harmonische Oszillator im Pfadintegralformalismus

5

Pfadintegrale gehen im Wesentlichen auf Paul A. M. Dirac und Richard P. Feynman zurück[1]. Der Pfadintegralformalismus ist ein alternativer Zugang zur Quantenmechanik und stellt damit eine Alternative zur bereits in dieser Arbeit vorgestellten Schrödinger-Gleichung und zur algebraischen Methode dar[2]. Der Pfadintegralformalismus setzt allerdings voraus, dass man den Operatorzugang bereits kennt und verstanden hat, wie dieser funktioniert. Die grundlegende Idee, die in diesem Abschnitt[3] erläutert wird, besteht darin, einem Teilchen, welches sich von einem Ort x_1 zu einem Ort x_2 bewegt, nicht nur die klassische Bahn der kleinsten Wirkung (vgl. Abschnitt 2.2.2), sondern *alle* denkbar möglichen Bahnen zu erlauben.

Grundannahmen, die in der Quantenmechanik gelten, sollen zunächst getroffen werden, und sie sollen für alle folgenden Rechnungen gelten[4]:

---

[1] Vergleiche Feynman (1948) [32], S. 367

[2] Vergleiche Wiegel (1986) [33], S. 1 bis 3

[3] Die folgenden Ausführungen werden sich sehr stark an Das (2006) [5] orientieren.

[4] Vergleiche Das (2006) [5], S. 11 und 12

N. Wego, *Der harmonische Oszillator*, BestMasters, https://doi.org/10.1007/978-3-658-36010-8_5

$$\hat{x}\,|x\rangle = x\,|x\rangle\,,$$

$$\langle x\,|\,x'\rangle = \delta(x - x'),$$

$$\int dx\ |x\rangle\,\langle x| = \mathbb{1},$$

$$\langle x\,|\,\Psi\rangle = \Psi(x),$$

$$\hat{p}\,|p\rangle = p\,|p\rangle\,,$$

$$\langle p\,|\,p'\rangle = \delta(p - p'),$$

$$\int dx\ |p\rangle\,\langle p| = \mathbb{1},$$

$$\langle x\,|\,p\rangle = \frac{1}{\sqrt{2\pi\hbar}}e^{\frac{i}{\hbar}px}\,,$$

$$\langle p\,|\,x\rangle = \frac{1}{\sqrt{2\pi\hbar}}e^{-\frac{i}{\hbar}px}\,.$$

5.1   Vorüberlegungen

Die Bewegung eines Teilchens (hier und in allen folgenden Rechnungen in einer Dimension) wird im Schrödinger-Bild durch die Schrödinger-Gleichung

$$i\hbar\frac{d}{dt}\,|\Psi(t)\rangle = \hat{H}\,|\Psi(t)\rangle$$

beschrieben. Diese Differenzialgleichung hat die Lösung

$$|\Psi(t)\rangle = e^{-\frac{i}{\hbar}t\hat{H}}\,|\Psi_0\rangle\,, \text{ mit } |\Psi_0\rangle = |\Psi(0)\rangle\,.$$

Man kann die Bewegung des Teilchens auch mittels des *Zeitentwicklungsoperators* $U(t_2, t_1)$ ausdrücken. Dieser sagt durch

$$|\Psi(t_2)\rangle = U(t_2, t_1)\,|\Psi(t_1)\rangle = e^{-\frac{i}{\hbar}(t_2 - t_1)\hat{H}}\,|\Psi(t_1)\rangle$$

aus, wie sich ein Teilchen vom Zeitpunkt t_1 zum Zeitpunkt t_2 bewegt hat. Beachte, dass im Schrödinger-Bild die Zustände $|\Psi(t)\rangle$ zeitabhängig sind. Man kann die Bewegungen auch in einem anderen Bild – dem Heisenberg-Bild – beschreiben, bei dem die Zustände zeitunabhängig sind und die Zeitabhängigkeit durch die Operatoren ausgedrückt wird:

$$|\Psi\rangle_H = |\Psi(t=0)\rangle_S = |\Psi(t=0)\rangle = e^{\frac{i}{\hbar}t\hat{H}}|\Psi(t)\rangle = e^{\frac{i}{\hbar}t\hat{H}}|\Psi(t)\rangle_S \, .$$

Die Matrixelemente des Zeitentwicklungsoperators sind die zeitlich geordneten Übergangsamplituden zwischen den Koordinatenbasiszuständen im Hei-senberg-Bild:

$$\begin{aligned}
_H\langle t_2, x_2 \mid t_1, x_1\rangle_H &= \langle x_2| e^{-\frac{i}{\hbar}t_2\hat{H}} e^{\frac{i}{\hbar}t_1\hat{H}} |x_1\rangle \\
&= \langle x_2| e^{-\frac{i}{\hbar}(t_2-t_1)\hat{H}} |x_1\rangle \\
&= \langle x_2| U(t_2, t_1) |x_1\rangle \\
&= K(t_2, x_2; t_1, x_1).
\end{aligned} \tag{5.1}$$

Es gilt insbesondere

$$\begin{aligned}
\int dx_1 \; |t_1, x_1\rangle \langle t_1, x_1| &= \int dx_1 \; e^{\frac{i}{\hbar}t_1\hat{H}} |x_1\rangle \langle x_1| e^{-\frac{i}{\hbar}t_1\hat{H}} \\
&= e^{\frac{i}{\hbar}t_1\hat{H}} \int dx_1 \; |x_1\rangle \langle x_1| e^{-\frac{i}{\hbar}t_1\hat{H}} \\
&= e^{\frac{i}{\hbar}t_1\hat{H}} \; \mathbb{1} \; e^{-\frac{i}{\hbar}t_1\hat{H}} \\
&= \mathbb{1},
\end{aligned} \tag{5.2}$$

was in den späteren Rechnungen wichtig und hilfreich sein wird.

5.2 Operatorordnungen

In der Quantenmechanik bedient man sich Operatoren, die nicht zwangsläufig miteinander vertauschen. Daher stellt sich die Frage, wie man beim Wechsel von dynamischen Variablen zu Operatoren die Operatoren anordnet, d. h. in welcher Reihenfolge sie aufgeschrieben werden. Im Folgenden sollen zwei Ordnungen diskutiert werden. Zur Vereinfachung der Schreibweise soll ab jetzt das Dachsymbol zur Kennzeichnung von Operatoren unterdrückt werden.

Normalordnung: Bei dieser Ordnung steht der Impulsoperator p immer links vom Ortsoperator x. Es gilt also zum Beispiel

$$xp \xrightarrow{N.O.} px,$$

$$x^2 p \xrightarrow{N.O.} px^2.$$

Für den Hamilton-Operator gilt in der Normalordnung

$$\langle x' | H^{N.O.} | x \rangle = \langle x' | \int dp \, |p\rangle \langle p| H^{N.O.} |x\rangle = \int dp \, \langle x' | p \rangle \langle p| H^{N.O.} |x\rangle$$

$$= \int dp \, \frac{1}{\sqrt{2\pi\hbar}} e^{\frac{i}{\hbar}px'} \frac{1}{\sqrt{2\pi\hbar}} e^{-\frac{i}{\hbar}px} H(x, p) = \int \frac{dp}{2\pi\hbar} e^{-\frac{i}{\hbar}p(x-x')} H(x, p).$$

Weyl-Ordnung: Bei der Weyl-Ordnung werden die Operatoren symmetrisch angeordnet und gleich gewichtet. Es gilt also zum Beispiel

$$xp \xrightarrow{W.O.} \frac{1}{2}(xp + px),$$

$$x^2 p \xrightarrow{W.O.} \frac{1}{3}(x^2 p + xpx + px^2).$$

Mithilfe von[5]

$$e^{(\alpha \hat{x} + \beta \hat{p})} \xrightarrow{W.O.} e^{\frac{\alpha \hat{x}}{2}} e^{\beta \hat{p}} e^{\frac{\alpha \hat{x}}{2}}$$

ergibt sich folgender Ausdruck:

$$\langle x' | e^{(\alpha \hat{x} + \beta \hat{p})} | x \rangle = \langle x' | e^{\frac{\alpha \hat{x}}{2}} e^{\beta \hat{p}} e^{\frac{\alpha \hat{x}}{2}} | x \rangle$$

$$= \int dp \, \langle x' | e^{\frac{\alpha \hat{x}}{2}} e^{\beta \hat{p}} | p \rangle \langle p | e^{\frac{\alpha \hat{x}}{2}} | x \rangle$$

$$= \int dp \, \frac{1}{\sqrt{2\pi\hbar}} e^{\frac{i}{\hbar}px'} e^{\frac{\alpha x'}{2}} e^{\beta p} \frac{1}{\sqrt{2\pi\hbar}} e^{-\frac{i}{\hbar}px} e^{\frac{\alpha x}{2}}$$

$$= \int \frac{dp}{2\pi\hbar} e^{\frac{i}{\hbar}p(x'-x)} e^{\frac{\alpha}{2}(x'+x)+\beta p}.$$

Betrachtet man nun einen Hamilton-Operator, der sich durch Potenzen von $(\alpha \hat{x} + \beta \hat{p})$ schreiben lässt, so kann man seine Weyl-geordneten Matrixelemente durch

---

[5] Vergleiche Das (2006) [5], S. 15

$$\langle x' | H^{W.O}(\hat{x}, \hat{p}) | x \rangle = \int \frac{dp}{2\pi\hbar} e^{\frac{i}{\hbar}p(x'-x)} H\left(\frac{(x'+x)}{2}, p \right) \qquad (5.3)$$

ausdrücken.

5.3 Herleitung des Pfadintegrals

Für die Herleitung des Pfadintegrals soll folgende Situation betrachtet werden: Ein Teilchen befindet sich zum Zeitpunkt t_i am Ort x_i und nach seiner Bewegung zu einem späterem Zeitpunkt $t_f > t_i$ am Ort x_f. Dann gilt für dieses Teilchen $|\Psi(t_f)\rangle = U(t_f, t_i) |\Psi(t_i)\rangle$, und man kann die Propagation mit der Übergangsamplitude $K(t_f, x_f; t_i, x_i)$ beschreiben. Dies ist in Abbildung 5.1(a) gezeigt.

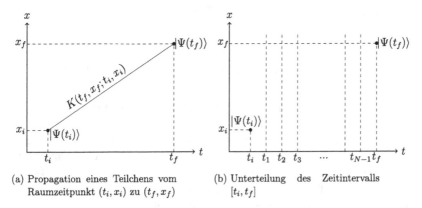

(a) Propagation eines Teilchens vom Raumzeitpunkt (t_i, x_i) zu (t_f, x_f)

(b) Unterteilung des Zeitintervalls $[t_i, t_f]$

Abbildung 5.1 (a) Propagation eines Teilchens vom Raumzeitpunkt (t_i, x_i) zu (t_f, x_f) (b) Unterteilung des Zeitintervalls $[t_i, t_f]$

Nun soll das Zeitintervall $[t_i, t_f]$ in N gleich große Teilintervalle der Länge $\varepsilon_N = \frac{t_f - t_i}{N}$ mit $t_n = t_i + n\varepsilon_N$ ($n = 1, 2, ..., N - 1$) unterteilt werden, wie es in Abbildung 5.1(b) dargestellt wird.

Beispiel: Fall $N = 2$: In diesem Fall betrachtet man ein Teilchen, das sich vom Ort x_0 zur Zeit t_0 zum Ort x_2 zur Zeit t_2 bewegen soll. Für die Übergangsamplitude gilt dann

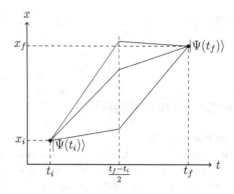

Abbildung 5.2 „Beispiel für drei willkürliche Wege mit Unterteilung in zwei Teilintervalle"

$$K(t_2, x_2; t_0, x_0) = \langle x_2| \, e^{-\frac{i}{\hbar} t_2 H} \, e^{\frac{i}{\hbar} t_0 H} \, |x_0\rangle$$

$$\overset{(5.2)}{=} \langle x_2| \, e^{-\frac{i}{\hbar} t_2 H} \int dx_1 \, |t_1, x_1\rangle \, \langle t_1, x_1| \, e^{\frac{i}{\hbar} t_0 H} \, |x_0\rangle$$

$$= \int dx_1 \, \langle x_2| \, e^{-\frac{i}{\hbar} t_2 H} \, e^{\frac{i}{\hbar} t_1 H} \, |x_1\rangle \, \langle x_1| \, e^{-\frac{i}{\hbar} t_1 H} \, e^{\frac{i}{\hbar} t_0 H} \, |x_0\rangle$$

$$\overset{(5.1)}{=} \int dx_1 \, K(t_2, x_2; t_1, x_1) K(t_1, x_1; t_0, x_0).$$

Es wird also über alle möglichen Positionen x_1 zur Zeit t_1 integriert, in gewissem Sinne also über alle Wege, die von $|\Psi(t_0)\rangle$ „über die Zeit $\frac{t_f - t_i}{2}$ zu $|\Psi(t_2)\rangle$ führen". In der Skizze in Abbildung 5.2 sind beispielhaft drei willkürliche Wege eingezeichnet. In der Praxis sind dies natürlich unendlich viele – daher auch das Integral, was eine unendliche Summe über alle möglichen Wege darstellt.

Unterteilung von $[t_i, t_f]$ **in** N **Teilintervalle:** In diesem Fall geht man analog zum Fall $N = 2$ vor und fügt sukzessive $(N-1)$-mal den Ausdruck $\int dx_i \, |t_i, x_i\rangle \, \langle t_i, x_i| = \mathbb{1}$ ein (vgl. Abbildung 5.3(a)). Damit erhält man

$$K(t_f, x_f; t_i, x_i) = \int dx_1 \, ... \int dx_{N-1} \, K(t_f, x_f; t_{N-1}, x_{N-1}) ... K(t_1, x_1; t_i, x_i)$$

$$= \int dx_1 \, ... \int dx_{N-1} \, _H\langle t_f, x_f \, | \, t_{N-1}, x_{N-1}\rangle_H \, ... \, _H\langle t_1, x_1 \, | \, t_i, x_i\rangle_H \, .$$

$$(5.4)$$

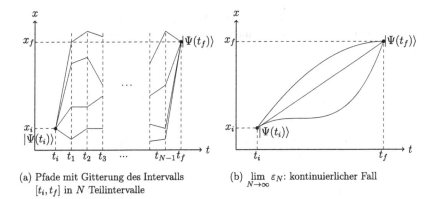

(a) Pfade mit Gitterung des Intervalls $[t_i, t_f]$ in N Teilintervalle

(b) $\lim\limits_{N \to \infty} \varepsilon_N$: kontinuierlicher Fall

Abbildung 5.3 (a) Pfade mit Gitterung des Intervalls $[t_i, t_f]$ in N Teilintervalle (b) $\lim\limits_{N \to \infty} \varepsilon_N$: kontinuierlicher Fall

Betrachte zur weiteren Herleitung *ein* Teilintervall $[t_{n-1}, t_n]$ genauer:

$$
\begin{aligned}
{}_H\langle t_n, x_n \mid t_{n-1}, x_{n-1}\rangle_H &= \langle x_n \mid e^{-\frac{i}{\hbar} t_n H} e^{\frac{i}{\hbar} t_{n-1} H} \mid x_{n-1}\rangle \\
&= \langle x_n \mid e^{-\frac{i}{\hbar}(t_n - t_{n-1})H} \mid x_{n-1}\rangle \\
&= \langle x_n \mid e^{-\frac{i}{\hbar} \varepsilon_N H} \mid x_{n-1}\rangle \\
&= \int \mathrm{d}p \, \langle x_n \mid e^{-\frac{i}{\hbar} t_n H} \mid p\rangle \langle p \mid e^{\frac{i}{\hbar} t_{n-1} H} \mid x_{n-1}\rangle \\
&\overset{(5.3)}{=} \int \frac{\mathrm{d}p}{2\pi \hbar} \, e^{\frac{i}{\hbar} p(x_n - x_{n-1})} e^{-\frac{i}{\hbar} \varepsilon_N H\left(\frac{1}{2}(x_n - x_{n-1}), p\right)}.
\end{aligned}
$$

Setzt man diesen Ausdruck nun in Gl. (5.4) ein, so erhält man die elementarste Form des Feynman'schen Pfadintegrals. Der Limes lässt die Gitterung immer feiner werden, sodass man von „kontinuierlichen" Pfaden ausgehen kann (vgl. Abbildung 5.3(b)).

$$
\begin{aligned}
K(t_f, x_f; t_i, x_i) = \lim_{N \to \infty} &\int \mathrm{d}x_1 \ldots \int \mathrm{d}x_{N-1} \int \frac{\mathrm{d}p_0}{2\pi\hbar} \ldots \int \frac{\mathrm{d}p_{N-1}}{2\pi\hbar} \\
&\times e^{\frac{i}{\hbar} \sum_{n=1}^{N}\left[p_n(x_n - x_{n-1}) - \varepsilon_N H\left(\frac{1}{2}(x_n + x_{n-1}), p_n\right)\right]}.
\end{aligned} \qquad (5.5)
$$

Nun soll der Exponent der Exponentialfunktion aus Gl. (5.5) genauer betrachtet werden, um in einigen Rechenschritten die Abhängigkeit der Gitterung zu beseitigen:

$$\lim_{N \to \infty} \frac{i}{\hbar} \sum_{n=1}^{N} \left[p_n (x_n - x_{n-1}) - \varepsilon_N H \left(\frac{1}{2} (x_n + x_{n-1}), p_n \right) \right]$$

$$= \lim_{N \to \infty} \frac{i}{\hbar} \varepsilon_N \sum_{n=1}^{N} \left[\frac{p_n}{\varepsilon_N} (x_n - x_{n-1}) - H \left(\frac{1}{2} (x_n + x_{n-1}), p_n \right) \right]$$

$$= \frac{i}{\hbar} \int_{t_i}^{t_f} dt \, (p\dot{x} - H(x, p)) = \frac{i}{\hbar} \int_{t_i}^{t_f} dt \, L.$$

Von der zweiten zur dritten Zeile wurde die Definition der zeitlichen Ableitung

$$\dot{x} = \lim_{N \to \infty} \frac{x_n - x_{n-1}}{\varepsilon_N} = \lim_{N \to \infty} \frac{x_n - x_{n-1}}{\frac{(t_f - t_i)}{N}}$$

ausgenutzt. Im Fall $N \to \infty$ geht außerdem die Summe in ein Integral über und $\varepsilon_N \to 0$.

Üblicherweise betrachtet man ein Teilchen in einem Potenzial. Der einfachste Hamilton-Operator für ein Teilchen in einem Potenzial V lautet

$$H(x, p) = \frac{p^2}{2m} + V(x).$$

Setzt man diesen Hamilton-Operator in den Exponenten ein, so erhält man

$$\lim_{N \to \infty} \frac{i}{\hbar} \sum_{n=1}^{N} \left[p_n (x_n - x_{n-1}) - \varepsilon_N H \left(\frac{1}{2} (x_n + x_{n-1}), p_n \right) \right]$$

$$= \lim_{N \to \infty} \frac{i}{\hbar} \sum_{n=1}^{N} \left[p_n (x_n - x_{n-1}) - \varepsilon_N \frac{p_n^2}{2m} - \varepsilon_N V \left(\frac{x_n + x_{n+1}}{2} \right) \right].$$

Die elementare Form des Pfadintegrals hat sich nun zu

$$K(t_f, x_f; t_i, x_i) = \lim_{N \to \infty} \int dx_1 \dots \int dx_{N-1} \int \frac{dp_0}{2\pi\hbar} \dots \int \frac{dp_{N-1}}{2\pi\hbar}$$
$$\times e^{\frac{i}{\hbar} \sum_{n=1}^{N} \left[p_n(x_n - x_{n-1}) - \varepsilon_N \frac{p_n^2}{2m} - \varepsilon_N V\left(\frac{x_n + x_{n+1}}{2}\right) \right]} \tag{5.6}$$

entwickelt. Betrachte im Folgenden nur die Exponentialfunktionen, die eine p_n-Abhängigkeit aufweisen (eine Exponentialfunktion mit Summe im Exponenten kann man in ein Produkt einzelner Exponentialfunktionen umschreiben), nämlich solche der Form

$$\int \frac{dp_n}{2\pi\hbar} e^{-\frac{i}{\hbar} \varepsilon_N \left(\frac{p_n^2}{2m} - \frac{p_n(x_n - x_{n-1})}{\varepsilon_N} \right)}.$$

Mithilfe von Nebenrechnung 7.11 kann man nun weiter berechnen, dass

$$\int \frac{dp_n}{2\pi\hbar} e^{-\frac{i}{\hbar}\varepsilon_N \left(\frac{p_n^2}{2m} - \frac{p_n(x_n - x_{n-1})}{\varepsilon_N} \right)}$$

$$= \int \frac{dp_n}{2\pi\hbar} \exp\left[-\frac{i}{2m\hbar}\varepsilon_N \left(p_n^2 - 2m\frac{p_n(x_n - x_{n-1})}{\varepsilon_N} \right) \right]$$

$$= \int \frac{dp_n}{2\pi\hbar} \exp\left[-\frac{i}{2m\hbar}\varepsilon_N \left(p_n^2 - 2p_n \frac{m(x_n - x_{n-1})}{\varepsilon_N} + \frac{m^2(x_n - x_{n-1})^2}{\varepsilon_N^2} \right. \right.$$
$$\left. \left. - \frac{m^2(x_n - x_{n-1})^2}{\varepsilon_N^2} \right) \right]$$

$$= \int \frac{dp_n}{2\pi\hbar} \exp\left[-\frac{i\varepsilon_N}{2m\hbar} \left(p_n - \frac{m(x_n - x_{n-1})}{\varepsilon_N} \right)^2 - \left(\frac{m(x_n - x_{n-1})}{\varepsilon_N} \right)^2 \right]$$

$$= \int \frac{dp_n}{2\pi\hbar} \exp\left[-\frac{i\varepsilon_N}{2m\hbar} \left(p_n - \frac{m(x_n - x_{n-1})}{\varepsilon_N} \right)^2 \right] \cdot \exp\left[\frac{im\varepsilon_N}{2\hbar} \left(\frac{x_n - x_{n-1}}{\varepsilon_N} \right)^2 \right]$$

$$\stackrel{7.11}{=} \frac{1}{2\pi\hbar} \sqrt{\frac{\pi i}{-\frac{\varepsilon_N}{2m\hbar}}} \cdot \exp\left[\frac{im\varepsilon_N}{2\hbar} \left(\frac{x_n - x_{n-1}}{\varepsilon_N} \right)^2 \right]$$

$$= \sqrt{\frac{m}{2\pi i\hbar\varepsilon_N}} \cdot \exp\left[\frac{im\varepsilon_N}{2\hbar} \left(\frac{x_n - x_{n-1}}{\varepsilon_N} \right)^2 \right].$$

gilt. Mithilfe dieser Rechnung kann man nun die Formel des Feynman'schen Pfadintegrals aufschreiben, indem man diesen Ausdruck in Gl. (5.6) einsetzt:

$$K(x_f, t_f; x_i, t_i) = \lim_{N \to \infty} \left(\frac{m}{2\pi i \hbar \varepsilon_N} \right)^{\frac{N}{2}} \int dx_1 \dots \int dx_{N-1}$$

$$\times \exp\left(\sum_{n=1}^{N} \left[\frac{im\varepsilon_N}{2\hbar} \left(\frac{x_n - x_{n-1}}{\varepsilon_N} \right)^2 - \frac{i\varepsilon_N}{\hbar} V\left(\frac{x_n + x_{n-1}}{2} \right) \right] \right)$$

(5.7)

$$=: \mathcal{N} \int \mathcal{D}x \cdot \exp\left(\frac{i}{\hbar} \int_{t_i}^{t_f} dt \left(\frac{1}{2}m\dot{x}^2 - V(x) \right) \right),$$

mit einer von der Integration unabhängigen Konstanten $\mathcal{N} = \lim_{N \to \infty} \left(\frac{m}{2\pi i \hbar \varepsilon_N} \right)^{\frac{N}{2}}$ und der Definition, dass $\int \mathcal{D}x$ über alle Pfade integriert.

5.4   Pfadintegral eines freien Teilchens

Betrachtet man ein freies Teilchen, so reduziert sich der Hamilton-Operator durch die Abwesenheit eines Potenzials V auf

$$\hat{H} = \frac{\hat{p}^2}{2m} + 0 = \frac{\hat{p}^2}{2m}.$$

Die Übergangsamplitude aus Gl. (5.7) wird durch Einsetzen dieses Hamilton-Operators somit zu

$$K(x_f, t_f; x_i, t_i) = \lim_{N \to \infty} \left(\frac{m}{2\pi i \hbar \varepsilon_N} \right)^{\frac{N}{2}} \int dx_1 \dots \int dx_{N-1}$$

$$\times \exp\left(\sum_{n=1}^{N} \left[\frac{im\varepsilon_N}{2\hbar} \left(\frac{x_n - x_{n-1}}{\varepsilon_N} \right)^2 \right] \right)$$

$$= \lim_{N \to \infty} \left(\frac{m}{2\pi i \hbar \varepsilon_N} \right)^{\frac{N}{2}} \int dx_1 \dots \int dx_{N-1} \cdot \exp\left(\frac{im}{2\hbar \varepsilon_N} \sum_{n=1}^{N} (x_n - x_{n-1})^2 \right).$$

Nun soll eine Substitution durchgeführt werden, um auf die bekannte Form von Gauß'schen Integralen zu kommen:

$$y_n := \left(\frac{m}{2\hbar\varepsilon_N}\right)^{\frac{1}{2}} x_n.$$

Damit erhält man

$$K(x_f, t_f; x_i, t_i)$$

$$= \lim_{N\to\infty} \left(\frac{m}{2\pi i\hbar\varepsilon_N}\right)^{\frac{N}{2}} \left(\frac{2\hbar\varepsilon_N}{m}\right)^{\frac{N-1}{2}} \int dy_1 ... \int dy_{N-1} \cdot \exp\left(i\sum_{n=1}^{N}(y_n - y_{n-1})^2\right)$$

$$\overset{7.13}{=} \lim_{N\to\infty} \left(\frac{m}{2\pi i\hbar\varepsilon_N}\right)^{\frac{N}{2}} \left(\frac{2\hbar\varepsilon_N}{m}\right)^{\frac{N-1}{2}} \left(\frac{(i\pi)^{N-1}}{N}\right)^{\frac{1}{2}} \cdot \exp\left[\frac{i}{N}(y_N - y_0)^2\right]$$

$$= \lim_{N\to\infty} \left(\frac{m}{2\pi i\hbar\varepsilon_N}\right)^{\frac{1}{2}} \left(\frac{m}{2\pi i\hbar\varepsilon_N}\right)^{\frac{N-1}{2}} \left(\frac{2\pi i\hbar\varepsilon_N}{m}\right)^{\frac{N-1}{2}} \frac{1}{\sqrt{N}} \cdot \exp\left[\frac{im}{2\hbar N\varepsilon_N}(x_N - x_0)^2\right]$$

$$= \lim_{N\to\infty} \left(\frac{m}{2\pi i\hbar N\varepsilon_N}\right)^{\frac{1}{2}} \cdot \exp\left[\frac{i}{\hbar}\frac{m(x_f - x_i)^2}{2N\varepsilon_N}\right]$$

$$= \left(\frac{m}{2\pi i\hbar(t_f - t_i)}\right)^{\frac{1}{2}} \cdot \exp\left(\frac{i}{\hbar}\frac{m(x_f - x_i)^2}{2(t_f - t_i)}\right).$$

An dieser Stelle soll erwähnt werden, dass die Übergangsamplitude ebenso mit der bekannten Operator-Methode bestimmt werden kann und auf das gleiche, vergleichsweise einfache, Ergebnis führt. Zudem fällt auf, dass in diesem Propagator die klassische Lösung der Wirkung $S[x_{kl}] = \frac{m}{2}\frac{(x_f - x_i)^2}{t_f - t_i}$ im Exponentialterm enthalten ist. Dieses Ergebnis ist charakteristisch für Pfadintegrale, die sich explizit berechnen lassen[6]. So wird dies auch beim Pfadintegral des harmonischen Oszillators der Fall sein, das im folgenden Abschnitt genauer betrachtet werden soll.

5.5 Pfadintegral des eindimensionalen harmonischen Oszillators

Dieses Kapitel wird sich in zwei Teile gliedern: Zum einen soll zunächst das Pfadintegral des eindimensionalen harmonischen Oszillators explizit hergeleitet werden, zum anderen soll dieses im Anschluss mithilfe der Methode der Fourier-Transformation gelöst werden.

---

[6] Vergleiche Das (2006) [5], S. 29

Aufstellen des Pfadintegrals

Wie in den vorherigen Kapiteln beschrieben, benötigt man zur Lösung mittels Pfadintegralen zunächst die Lagrange-Funktion des Systems. Die Lagrange-Funktion setzt sich wie gewohnt aus kinetischer und potentieller Energie zusammen und lautet für den eindimensionalen harmonischen Oszillator

$$L = E_{kin} - E_{pot} = \frac{1}{2}m\dot{x}^2 - \frac{1}{2}m\omega^2 x^2.$$

Die Bewegungsgleichung des klassischen Oszillators kann wieder durch die Euler-Lagrange-Gleichung

$$\frac{\mathrm{d}}{\mathrm{d}t}\frac{\partial L}{\partial \dot{x}(t)} - \frac{\partial L}{\partial x(t)} = m\ddot{x}_{kl} + m\omega^2 x_{kl} = 0$$

bestimmt werden. Beim Übergang zur Quantenmechanik müssen neben der klassischen Bahn auch noch alle weiteren denkbaren Bahnen berücksichtigt werden, wie in der Herleitung der Pfadintegrale beschrieben. Für diese Berücksichtigung kann man eine Abweichung $\eta(t)$ (im Folgenden auch *Fluktuation* genannt) von der klassischen Bahn definieren. Damit werden die Bahnen, die nun betrachtet werden sollen, zu $x(t) = x_{kl}(t) + \eta(t)$ mit den Randbedingungen $\eta(t_i) = \eta(t_f) = 0$, da der Startpunkt und der Endpunkt als Randbedingung festgelegt ist. Außerdem steht bei Betrachtung der Wirkung nicht mehr nur der aus dem Prinzip der kleinsten Wirkung berechenbare klassische Weg x_{kl} im Fokus, sondern ebenfalls die Fluktuationen $\eta(t)$: $S[x] = S[x_{kl} + \eta]$. Mithilfe der Formel

$$F[f_0 + g] = F[f_0] + \int \mathrm{d}x_1 \frac{\delta F[f_0]}{\delta f(x_1)}g(x_1) + \frac{1}{2!}\int \mathrm{d}x_1 \int \mathrm{d}x_2 \frac{\delta^2 F[f_0]}{\delta f_1 \delta f_2}g(x_1)g(x_2)$$
$$+ \dots,$$

einer Taylorreihenentwicklung für Funktionale F, lässt sich die Wirkung schreiben als

$$S[x_{kl} + \eta] = S[x_{kl}] + \int_{t_i}^{t_f} \mathrm{d}t_1 \; \eta(t_1) \frac{\delta S[x_{kl}]}{\delta x(t)} + \frac{1}{2!}\int_{t_i}^{t_f} \mathrm{d}t_1 \int_{t_i}^{t_f} \mathrm{d}t_2 \; \eta(t_1)\eta(t_2)$$
$$\times \frac{\delta^2 S[x_{kl}]}{\delta x(t_1)\delta x(t_2)}.$$

Die Summe bricht an dieser Stelle tatsächlich ab, da die Wirkung S (des harmonischen Oszillators) den Ort $x(t)$ und die Geschwindigkeit $\dot{x}(t)$ höchstens quadratisch enthält. Alle Differentiationen höherer Ordnungen liefern eine null im jeweiligen Produkt und damit nur noch nullen in der weiteren Summe. Bei Betrachtung des zweiten Summanden fällt auf, dass dort die Variation der Wirkung des klassischen Falls auftaucht, die nach dem Prinzip der kleinsten Wirkung gleich null ist. Damit vereinfacht sich der Ausdruck zu

$$S[x_{kl} + \eta] = S[x_{kl}] + \frac{1}{2} \int\limits_{t_i}^{t_f} dt_1 \int\limits_{t_i}^{t_f} dt_2 \; \eta(t_1)\eta(t_2) \; \frac{\delta^2 S[x_{kl}]}{\delta x(t_1)\delta x(t_2)}.$$

Mit der Berechnung der Funktionalableitung in Abschnitt 7.14 erhält man nun für die Wirkung

$$S[x] = S[x_{kl}] + \frac{1}{2} \int\limits_{t_i}^{t_f} dt \; \left(m\dot{\eta}^2(t) - m\omega^2\eta^2(t) \right),$$

die man anschließend in die allgemeine Formel für den Propagator

$$K(x_f, t_f; x_i, t_i) = \mathcal{N} \int \mathcal{D}x \cdot \exp\left(\frac{i}{\hbar} \int\limits_{t_i}^{t_f} dt \; \left(\frac{1}{2}m\dot{x}^2 - V(x) \right) \right)$$

$$= \mathcal{N} \int \mathcal{D}x \cdot \exp\left(\frac{i}{\hbar} S[x] \right)$$

einsetzen kann. Damit erhält man schließlich

$$K(x_f, t_f; x_i, t_i) = \mathcal{N} \int \mathcal{D}x \cdot \exp\left(\frac{i}{\hbar} S[x_{kl}] + \frac{i}{2\hbar} \int\limits_{t_i}^{t_f} dt \; \left(m\dot{\eta}^2(t) - m\omega^2\eta^2(t) \right) \right).$$

Die Integration über alle Pfade $\mathcal{D}x$ mit $x(t_i) = x_i$ und $x(t_f) = x_f$ kann auch durch die Integration über alle Fluktuationen $\mathcal{D}\eta$ ersetzt werden, da sie genau das Gleiche beschreiben, wenn der Anfangs- sowie der Endpunkt mit $\eta(t_i) = \eta(t_f) = 0$ fixiert sind. Man kann also für den Propagator auch schreiben:

$$K(x_f, t_f; x_i, t_i) = \mathcal{N} \int \mathcal{D}\eta \cdot \exp\left(\frac{i}{\hbar} S[x_{kl}] + \frac{i}{2\hbar} \int\limits_{t_i}^{t_f} dt \, \left(m\dot{\eta}^2(t) - m\omega^2\eta^2(t)\right)\right)$$

$$= \mathcal{N} \exp\left(\frac{i}{\hbar} S[x_{kl}]\right) \int \mathcal{D}\eta \cdot \exp\left(\frac{i}{2\hbar} \int\limits_{t_i}^{t_f} dt \, \left(m\dot{\eta}^2(t) - m\omega^2\eta^2(t)\right)\right).$$

$$(5.8)$$

Auch an dieser Stelle soll darauf hingewiesen werden, dass, wie beim Ergebnis des freien Teilchens, ebenfalls die klassische Wirkung in diesem Propagator auftritt.

Lösung des Pfadintegrals

Zunächst soll bemerkt werden, dass der Integrand des Pfadintegrals nicht explizit von der Zeit abhängt. Das System des harmonischen Oszillators ohne äußeren Antrieb ist also bezüglich t translationsinvariant[7]. Die Integrationsgrenzen können demnach transformiert werden, sodass sich die untere Grenze von t_i auf den Nullpunkt verschieben lässt, und so wesentlich einfacher gerechnet werden kann. Man setzt also:

$$t \rightarrow t - t_i,$$

$$t_i \rightarrow t_i - t_i = 0,$$

$$t_f \rightarrow t_f - t_i := T.$$

Wie bereits zu Beginn dieses Abschnitts erwähnt, soll das Pfadintegral mittels der Methode der Fourier-Transformation gelöst werden. Dabei beginnt man zunächst damit, die Fluktuationen $\eta(t)$ mit einer Fourier-Reihe darzustellen. Der allgemeine Ansatz dazu lautet

$$\eta(t) = a_0 + \sum_{n=1}^{\infty} \left[a_n \cdot \sin\left(\frac{n\pi t}{T}\right) + b_n \cdot \cos\left(\frac{n\pi t}{T}\right)\right].$$

Die Randbedingung an die Fluktuationen war, dass sie am Start- sowie am Endpunkt den Wert null annehmen. Nach der vorgenommenen Zeittransformation gilt also $\eta(0) = \eta(T) = 0$. Diese Randbedingung lässt nur Sinusfunktionen als Lösungen des Fourier-Ansatzes zu, weswegen die Kosinus-Terme sowie der Summand a_0 wegfallen. Das Zeitintervall hat in diesem Fall die Länge T und wird in $N - 1$ Teil-

---

[7] Vergleiche Radau (2013) [34], S. 47

intervalle aufgespalten, sodass eine Diskretisierung der Fourier-Reihe verwendet wird,

$$\eta(t) = \sum_{n=1}^{N-1} a_n \cdot \sin\left(\frac{n\pi t}{T}\right),$$

weil die Fluktuationen zunächst nur zu den N Zeitpunkten t_n betrachtet werden. Die obere Grenze der Summe ist an dieser Stelle also nicht auf '∞', sondern auf $N-1$ gesetzt worden. Das hat Vorteile für die weiteren Rechnungen und man kann dies in dem Sinne legitimieren, dass am Ende der Rechnungen $N \to \infty$ gesetzt wird und damit die Approximation von $\eta(t)$ wieder wie im allgemeinen Ansatz gegeben ist.

Zur Lösung des Pfadintegrals sollen nun die beiden Integrale im Exponenten von Gl. (5.8) separat berechnet werden. Es ist

$$\dot{\eta}(t) = \sum_{n=1}^{N-1} a_n \left(\frac{n\pi}{T}\right) \cdot \cos\left(\frac{n\pi t}{T}\right),$$

womit

$$\int_0^T dt\ \dot{\eta}^2 = \int_0^T dt \sum_{n,m} a_n a_m\ nm \left(\frac{\pi}{T}\right)^2 \cos\left(\frac{n\pi t}{T}\right)\cos\left(\frac{m\pi t}{T}\right)$$

$$\overset{7.15}{=} \frac{T}{2} \sum_n a_n^2 \left(\frac{n\pi}{T}\right)^2$$

wird. Für das zweite Integral ergibt sich

$$\int_0^T dt\ \eta^2 = \int_0^T dt \sum_{n,m} a_n a_m\ \sin\left(\frac{n\pi t}{T}\right)\sin\left(\frac{m\pi t}{T}\right)$$

$$\overset{7.16}{=} \frac{T}{2} \sum_n a_n^2.$$

Setzt man diese Ergebnisse in Gl. (5.8) ein und ändert $\mathcal{D}\eta$ in eine Integration über die Koeffizienten a_n (nach obiger Integration im Exponenten ist keine η-Abhängigkeit mehr vorhanden, sondern eine Abhängigkeit von den Koeffizienten a_n), so erhält man die Approximation des Propagators

$$K(x_f, t_f; x_i, t_i) = \mathcal{N}' \exp\left(\frac{i}{\hbar} S[x_{kl}]\right)$$

$$\times \int da_1...da_{N-1} \cdot \exp\left(\frac{i}{2\hbar} \sum_{n=1}^{N-1} \left(ma_n^2 \frac{T}{2}\left(\frac{n\pi}{T}\right)^2 - m\omega^2 a_n^2 \frac{T}{2}\right)\right)$$

$$= \mathcal{N}' \exp\left(\frac{i}{\hbar} S[x_{kl}]\right) \int da_1...da_{N-1} \cdot \exp\left(\frac{imT}{4\hbar} \sum_{n=1}^{N-1} a_n^2 \left(\left(\frac{n\pi}{T}\right)^2 - \omega^2\right)\right).$$

Hier ist zu beachten, dass die Integration nicht mehr über $\mathcal{D}\eta$, sondern über die Koeffizienten $a_1, ..., a_{N-1}$ verläuft, da die Fluktuationen η durch eine (endliche) Fourier-Reihe approximiert wurden und daher auch als solche im Pfadintegral betrachtet werden müssen. Auch der Vorfaktor $\mathcal{N}$ hat sich bei der Änderung der Integration aufgrund der zugehörigen Jacobi-Determinante geändert[8] – daher die Bezeichnung $\mathcal{N}'$.

Für die exakte Berechnung soll nun die Gitterung immer feiner gemacht werden, was sich durch $\lim\limits_{N \to \infty}$ ausdrücken lässt. Der Propagator wird somit zu

$$K(x_f, t_f; x_i, t_i) = \lim_{N \to \infty} \mathcal{N}' \exp\left(\frac{i}{\hbar} S[x_{kl}]\right)$$

$$\times \int da_1...da_{N-1} \cdot \exp\left(\frac{imT}{4\hbar} \sum_{n=1}^{N-1} a_n^2 \left(\left(\frac{n\pi}{T}\right)^2 - \omega^2\right)\right),$$

und es lassen sich an der quadratischen Form im Exponenten wieder Gauß-Integrale erkennen, die im Folgenden berechnet werden. Dazu sei noch einmal auf die Form und Lösung der Gauß-Integrale verwiesen, die in Nebenrechnung 7.11 gezeigt wird. Betrachte dazu *ein* solches Integral und berechne

$$\int da_n \exp\left(\frac{imT}{4\hbar}\left(\left(\frac{n\pi}{T}\right)^2 - \omega^2\right) a_n^2\right) = \left(\pi i \cdot \frac{4\hbar}{mT\left(\left(\frac{n\pi}{T}\right)^2 - \omega^2\right)}\right)^{\frac{1}{2}}$$

$$= \left(\frac{4\pi\hbar i}{mT}\right)^{\frac{1}{2}} \frac{T}{n\pi}\left(1 - \left(\frac{\omega T}{n\pi}\right)^2\right)^{-\frac{1}{2}}.$$

---

[8] Vergleiche Radau (2013) [34], S. 48

Setzt man dieses Ergebnis in den Propagator ein, so erhält er – unter Berücksichtigung, dass in obiger Umformung nur *eines* von $N-1$ Integralen betrachtet wurde – die Form

$$K(x_f, t_f; x_i, t_i) = \lim_{N \to \infty} \mathcal{N}' \exp\left(\frac{i}{\hbar} S[x_{kl}]\right) \prod_{n=1}^{N-1} \left(\left(\frac{4\pi \hbar i}{mT}\right)^{\frac{1}{2}} \frac{T}{n\pi} \left(1 - \left(\frac{\omega T}{n\pi}\right)^2\right)^{-\frac{1}{2}}\right).$$

Zieht man nun den Term $\left(\frac{4\pi \hbar i}{mT}\right)^{\frac{1}{2}}$ aus dem Produkt heraus und verrechnet ihn mit $\mathcal{N}'$, so entsteht ein neuer Vorfaktor $\mathcal{N}''$. Außerdem kann man die Identität[9]

$$\lim_{N \to \infty} \prod_{n=1}^{N-1} \left(1 - \left(\frac{\omega t}{n\pi}\right)^2\right) = \frac{\sin(\omega t)}{\omega t}$$

nutzen und bekommt damit

$$K(x_f, t_f; x_i, t_i) = \mathcal{N}'' \exp\left(\frac{i}{\hbar} S[x_{kl}]\right) \cdot \lim_{N \to \infty} \prod_{n=1}^{N-1} \left(\frac{T}{n\pi}\right) \cdot \left(\frac{\sin(\omega T)}{\omega T}\right)^{-\frac{1}{2}}.$$

Verrechnet man nun noch den mittleren Faktor des Produkts mit $\mathcal{N}''$, so erhält man

$$K(x_f, t_f; x_i, t_i) = \mathcal{N}''' \exp\left(\frac{i}{\hbar} S[x_{kl}]\right) \left(\frac{\sin(\omega T)}{\omega T}\right)^{-\frac{1}{2}}.$$

Um schlussendlich noch den expliziten Ausdruck für $\mathcal{N}'''$ zu erhalten, kann man den Grenzfall $\omega \to 0$ betrachten, der dann den Propagator eines freien Teilchens darstellt, da der Sinus-Term nach dem *Satz von L'Hospital* für $\omega \to 0$ gegen 1 strebt. Der Term $\exp\left(\frac{i}{\hbar} S[x_{kl}]\right)$ stellt in diesem Grenzfall außerdem tatsächlich den des

---

[9] Siehe Gradsteyn (2007) [35], S. 45

freien Teilchens dar[10]. Ein Koeffizientenvergleich liefert damit $\mathcal{N}'''' = \left(\frac{m}{2\pi i \hbar T}\right)^{\frac{1}{2}}$, und die Formel für den Propagator des harmonischen Oszillators lautet somit

$$K(x_f, t_f; x_i, t_i) = \left(\frac{m}{2\pi i \hbar T}\right)^{\frac{1}{2}} \exp\left(\frac{i}{\hbar} S[x_{kl}]\right)\left(\frac{\sin(\omega T)}{\omega T}\right)^{-\frac{1}{2}}.$$

Fazit ist also, dass auch der Propagator des harmonischen Oszillators mithilfe der Pfadintegrale explizit berechenbar ist. Wie beim Propagator des freien Teilchens schon festgestellt, ist durch die explizite Berechnung auch die klassische Lösung im Exponentialterm enthalten.

---

[10] Siehe für die expliziten Rechnungen Radau (2013) [34], S. 49 bis 53

Ausblick 6

Klassischer harmonischer Oszillator Der klassische harmonische Oszillator wurde in dieser Arbeit am Beispiel des mathematischen Pendels in *einer* Dimension betrachtet. Natürlich lässt sich dieses Konzept auch auf mehrere Dimensionen übertragen: So wird beispielsweise das parabelförmige Potenzial $V(x)$ im zweidimensionalen Fall zu einem Potenzial $V(x, y)$ in Form eines Paraboloids (siehe Abbildung 6.1). Die Betrachtung des harmonischen Oszillators im dreidimensionalen Raum macht vor dem Hintergrund, dass zum Beispiel ein Fadenpendel niemals nur in einer Ebene, sondern tatsächlich in drei Dimensionen schwingt, Sinn. Die Rechnungen werden natürlich dementsprechend umfangreicher.

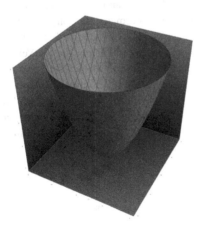

Abbildung 6.1 Schemenhafte Darstellung eines Potenzials in Form eines Paraboloids

© Der/die Autor(en), exklusiv lizenziert durch Springer Fachmedien Wiesbaden GmbH, ein Teil von Springer Nature 2021
N. Wego, *Der harmonische Oszillator*, BestMasters,
https://doi.org/10.1007/978-3-658-36010-8_6

Quantenmechanischer harmonischer Oszillator In Kapitel 3 wurde der harmonische Oszillator mithilfe der Schrödinger-Gleichung sowie mit der Dirac'schen Operatormethode behandelt. Auch hier wurde der Einfachheit halber nur der eindimensionale Fall betrachtet, was als Ausblick ebenfalls die Quantenmechanik im dreidimensionalen Raum aber auch für Mehrteilchensysteme in den Fokus rückt. Der Fall von n Teilchen kann unmittelbar aus dem eindimensionalen Fall abgeleitet werden. Man verändert beispielsweise den Ortsoperator $\hat{x}$ und den Impulsoperator $\hat{p}$ derart, dass man $\hat{x}_k^\mu$ und $\hat{p}_k^\mu$ schreibt, wobei der Index μ die verschiedenen Teilchen beschreibt und k die Komponenten eines dreikomponentigen Vektors. Auch die Anforderungen, wie zum Beispiel die Vertauschungsrelationen an diese Operatoren, bleiben im Wesentlichen gleich:

$$[\hat{p}_j^\mu, \hat{x}_k^\nu] = \frac{\hbar}{i}\delta_{\mu,\nu}\delta_{j,k}.$$

Es soll hier also deutlich werden, dass im Grunde genommen nur eine explizitere Ausschreibung der Gleichungen notwendig ist[1]. Für die Mehrteilchenwellenfunktionen bietet sich ein Produktansatz aus Oszillator-Einteilchenwellen-funktionen an.

Quantenfeldtheorie und harmonischer Oszillator Auch im Rahmen der Quantenfeldtheorie lassen sich zu den in dieser Arbeit behandelten Themen weiterführende Aspekte benennen. So kann man beispielsweise die Frage stellen, wie sich der in dieser Arbeit dargestellte Formalismus von *freien* Feldern verändert, wenn man zum Beispiel ein Elektron in einem äußeren Feld betrachtet. Dies wird durch die sogenannte Dirac-Gleichung beschrieben, die im Vergleich zur Schrödinger-Gleichung zusätzlich noch die Anforderungen der speziellen Relativitätstheorie erfüllt[2]. Die Quantenelektrodynamik beschreibt die Wechselwirkung zwischen Photonen und Elektronen. Hierbei bilden die Lösungen der freien Theorie, die im Wesentlichen wiederum nichts anderes als Quantenanregungen harmonischer Oszillatoren sind, den Ausgangspunkt für die sogenannte Störungstheorie.

---

[1] Vergleiche Grawert (1989) [18], S. 169
[2] Vergleiche Landau und Lifschitz (1991) [31], S. 110 und 111

Pfadintegrale In dieser Arbeit wurden Pfadintegrale speziell für Einteilchensysteme, nämlich das des freien Teilchens sowie das des *eindimensionalen* harmonischen Oszillators betrachtet. Auch die Quantenfeldtheorie lässt sich mithilfe des Pfadintegrals formulieren. Von herausragender Bedeutung ist die euklidische Formulierung, weil hier mithilfe von Monte-Carlo-Simulationen eine numerische Beschreibung auf einem Raum-Zeit-Gitter ermöglicht wird[3].

---

[3] Vergleiche Gattringer und Lang (2010) [36]

Nebenrechnungen 7

7.1 Kinetische Energie des mathematischen Pendels

<u>Zu zeigen:</u> Die kinetische Energie eines mathematischen Pendels, das durch

$$x(t) = l \cdot \sin(\varphi(t)),$$
$$y(t) = l - l \cdot \cos(\varphi(t)),$$
$$\dot{x}(t) = l \cdot \cos(\varphi(t)) \cdot \dot{\varphi}(t),$$
$$\dot{y}(t) = l \cdot \sin(\varphi(t)) \cdot \dot{\varphi}(t),$$

charakterisiert ist, nimmt folgende Gestalt an:

$$T = \frac{1}{2}ml^2\dot{\varphi}(t)^2.$$

<u>Lösung:</u> Berechne

$$
\begin{aligned}
T &= \frac{1}{2}mv^2 = \frac{1}{2}m\dot{x}(t)^2 + \frac{1}{2}m\dot{y}(t)^2 \\
&= \frac{1}{2}ml^2\cos^2(\varphi(t)) \cdot \dot{\varphi}(t)^2 + \frac{1}{2}ml^2\sin^2(\varphi(t)) \cdot \dot{\varphi}(t)^2 \\
&= \frac{1}{2}ml^2\dot{\varphi}(t)^2[\cos^2(\varphi(t)) + \sin^2(\varphi(t))] \\
&= \frac{1}{2}ml^2\dot{\varphi}(t)^2 \cdot 1 = \frac{1}{2}ml^2\dot{\varphi}(t)^2.
\end{aligned}
$$

© Der/die Autor(en), exklusiv lizenziert durch Springer Fachmedien Wiesbaden GmbH, ein Teil von Springer Nature 2021
N. Wego, *Der harmonische Oszillator*, BestMasters,
https://doi.org/10.1007/978-3-658-36010-8_7

7.2   Potenzielle Energie des mathematischen Pendels

<u>Zu zeigen:</u> Die potenzielle Energie eines mathematischen Pendels, das durch

$$x(t) = l \cdot \sin(\varphi(t)),$$
$$y(t) = l - l \cdot \cos(\varphi(t)),$$

charakterisiert ist, nimmt folgende Gestalt an:

$$V = mgl - mgl \cdot \cos(\varphi(t)).$$

<u>Lösung:</u> Berechne

$$
\begin{aligned}
V = mgh &= mg \cdot y(t) \\
&= mg \cdot (l - l \cdot \cos(\varphi(t))) \\
&= mgl - mgl \cdot \cos(\varphi(t)).
\end{aligned}
$$

7.3   Vertauschungsrelation für die Operatoren $\hat{b}$ und $\hat{b}^\dagger$

<u>Zu zeigen:</u> Für den Kommutator von $\hat{b}$ und $\hat{b}^\dagger$ gilt:

$$[\hat{b}, \hat{b}^\dagger] = 1.$$

<u>Lösung:</u> Setze die Definitionen der beiden Operatoren,

$$\hat{b} = \frac{1}{\sqrt{2}}\left(\alpha \hat{x} + \frac{i}{\hbar\alpha}\hat{p}\right),$$
$$\hat{b}^\dagger = \frac{1}{\sqrt{2}}\left(\alpha \hat{x} - \frac{i}{\hbar\alpha}\hat{p}\right),$$

ein und berechne:

$$[\hat{b}, \hat{b}^\dagger] = \frac{1}{2}[\alpha\hat{x} + \frac{i}{\hbar\alpha}\hat{p}, \alpha\hat{x} - \frac{i}{\hbar\alpha}\hat{p}]$$

$$= \frac{1}{2}\left(\alpha^2[\hat{x}, \hat{x}] - \frac{i}{\hbar}[\hat{x}, \hat{p}] + \frac{i}{\hbar}[\hat{p}, \hat{x}] + \frac{1}{\hbar^2\alpha^2}[\hat{p}, \hat{p}]\right)$$

$$= \frac{1}{2}\left(\alpha^2 \cdot 0 - \frac{i}{\hbar}\left(-\frac{\hbar}{i}\right) + \frac{i}{\hbar}\frac{\hbar}{i} + \frac{1}{\hbar^2\alpha^2} \cdot 0\right)$$

$$= \frac{1}{2}(1 + 1) = 1.$$

7.4   Nebenrechnung zum Quadrat der Rotation des Vektorpotenzials

<u>Zu zeigen:</u> Es gilt

$$(\vec{\nabla} \times \vec{A})^2 = \vec{\nabla} \cdot [\vec{A} \times (\vec{\nabla} \times \vec{A})] + \vec{A} \cdot [\vec{\nabla} \times (\vec{\nabla} \times \vec{A})].$$

Lösung: Berechne mithilfe der bekannten Regeln für das Kronecker-Delta δ_{ij} und den Levi-Civita-Tensor ϵ_{ijk}

$$(\vec{\nabla} \times \vec{A})^2 = (\vec{\nabla} \times \vec{A})_i(\vec{\nabla} \times \vec{A})_i$$

$$= \varepsilon_{ijk}(\partial_j A_k)\varepsilon_{ilm}(\partial_l A_m)$$

$$= \varepsilon_{ijk}\varepsilon_{ilm}(\partial_j A_k)(\partial_l A_m)$$

$$= (\delta_{jl}\delta_{km} - \delta_{jm}\delta_{kl})(\partial_j A_k)(\partial_l A_m)$$

$$= (\partial_j A_k)(\partial_j A_k) - (\partial_j A_k)(\partial_k A_j)$$

$$= (\partial_j A_k)(\partial_j A_k) - (\partial_j A_k)(\partial_k A_j) + 0$$

$$= (\partial_j A_k)(\partial_j A_k) - (\partial_j A_k)(\partial_k A_j) + A_k \Delta A_k - A_k \partial_j \partial_k A_j + A_k \partial_k \partial_j A_j$$

$$\quad - A_j \Delta A_j$$

$$= \partial_j(A_k \partial_j A_k) - \partial_j(A_k \partial_k A_j) + A_j \partial_k \partial_j A_k - A_j \partial_k \partial_k A_j$$

$$= (\delta_{jl}\delta_{km} - \delta_{jm}\delta_{kl})\partial_j(A_k \partial_l A_m) + (\delta_{jl}\delta_{km} - \delta_{jm}\delta_{kl})A_j \partial_k \partial_l A_m$$

$$= \varepsilon_{jkn}\varepsilon_{nlm}\partial_j(A_k \partial_l A_m) + \varepsilon_{jkn}\varepsilon_{nlm}(A_j \partial_k \partial_l A_m)$$

$$= \partial_j(\varepsilon_{jkn}A_k\varepsilon_{nlm}\partial_l A_m) + A_j\varepsilon_{jkn}\partial_k(\varepsilon_{nlm}\partial_l A_m)$$

$$= \partial_j(\varepsilon_{jkn}A_k(\vec{\nabla} \times \vec{A})_n) + A_j\varepsilon_{jkn}\partial_k(\vec{\nabla} \times \vec{A})_n$$

$$= \vec{\nabla} \cdot [\vec{A} \times (\vec{\nabla} \times \vec{A})] + \vec{A} \cdot [\vec{\nabla} \times (\vec{\nabla} \times \vec{A})].$$

7.5   Lösung der Klein-Gordon-Gleichung

Zu zeigen: Folgender Fourier-Ansatz löst die Klein-Gordon-Gleichung $(\Box + m^2)$
$\Phi(t, \vec{x}) = 0$:

$$\Phi(t, \vec{x}) = \int \frac{d^3k}{(2\pi)^3 2\omega(\vec{k})} \left(a(\vec{k}) e^{i(\vec{k}\cdot\vec{x} - \omega(\vec{k})t)} + a^\dagger(\vec{k}) e^{-i(\vec{k}\cdot\vec{x} - \omega(\vec{k})t)} \right),$$

wobei

$$\omega(\vec{k}) = \sqrt{m^2 + \vec{k}^2}.$$

Lösung: In der Klein-Gordon-Gleichung finden sich im D'Alembert-Operator $\Box$
zum einen die zweite zeitliche Ableitung und zum anderen der Laplace-Operator
wieder. Berechne also zunächst diese beiden Ausdrücke:

• Zeitliche Ableitungen:

$$\frac{\partial^2}{\partial t^2} \Phi(t, \vec{x}) = \frac{\partial}{\partial t} \left[\int \widetilde{d^3k} \left(-i\omega(\vec{k}) a(\vec{k}) e^{i(\vec{k}\cdot\vec{x} - \omega(\vec{k})t)} + i\omega(\vec{k}) a^\dagger(\vec{k}) e^{-i(\vec{k}\cdot\vec{x} - \omega(\vec{k})t)} \right) \right]$$

$$= \int \widetilde{d^3k} \left(-\omega^2(\vec{k}) a(\vec{k}) e^{i(\vec{k}\cdot\vec{x} - \omega(\vec{k})t)} - \omega^2(\vec{k}) a^\dagger(\vec{k}) e^{-i(\vec{k}\cdot\vec{x} - \omega(\vec{k})t)} \right)$$

$$= -\int \widetilde{d^3k}\, \omega^2(\vec{k}) \left(a(\vec{k}) e^{i(\vec{k}\cdot\vec{x} - \omega(\vec{k})t)} + a^\dagger(\vec{k}) e^{-i(\vec{k}\cdot\vec{x} - \omega(\vec{k})t)} \right).$$

• Laplace-Operator:

$$\Delta\Phi(t, \vec{x}) = \vec{\nabla} \left[\int \widetilde{d^3k} \left(i\vec{k} a(\vec{k}) e^{i(\vec{k}\cdot\vec{x} - \omega(\vec{k})t)} - i\vec{k} a^\dagger(\vec{k}) e^{-i(\vec{k}\cdot\vec{x} - \omega(\vec{k})t)} \right) \right]$$

$$= \int \widetilde{d^3k} \left(-\vec{k}^2 a(\vec{k}) e^{i(\vec{k}\cdot\vec{x} - \omega(\vec{k})t)} - \vec{k}^2 a^\dagger(\vec{k}) e^{-i(\vec{k}\cdot\vec{x} - \omega(\vec{k})t)} \right)$$

$$= -\int \widetilde{d^3k}\, \vec{k}^2 \left(a(\vec{k}) e^{i(\vec{k}\cdot\vec{x} - \omega(\vec{k})t)} + a^\dagger(\vec{k}) e^{-i(\vec{k}\cdot\vec{x} - \omega(\vec{k})t)} \right).$$

Setze nun diese beiden Ausdrücke und die Identität $\omega^2 = m^2 + \vec{k}^2$ in die Klein-Gordon-Gleichung ein.

$$(\Box + m^2)\Phi(t, \vec{x}) = \left(\frac{\partial^2}{\partial t^2} - \Delta + m^2\right)\Phi(t, \vec{x})$$

$$= \int \widetilde{d^3k}\left[\left(-\omega^2(\vec{k}) - (-\vec{k}^2) + m^2\right)\left(a(\vec{k})e^{i(\vec{k}\cdot\vec{x} - \omega(\vec{k})t)}\right.\right.$$

$$\left.+ a^\dagger(\vec{k})e^{-i(\vec{k}\cdot\vec{x} - \omega(\vec{k})t)}\right)\Big]$$

$$= \int \widetilde{d^3k}\left[\left(-(m^2 + \vec{k}^2) + \vec{k}^2 + m^2\right)\left(a(\vec{k})e^{i(\vec{k}\cdot\vec{x} - \omega(\vec{k})t)}\right.\right.$$

$$\left.+ a^\dagger(\vec{k})e^{-i(\vec{k}\cdot\vec{x} - \omega(\vec{k})t)}\right)\Big]$$

$$= 0.$$

7.6 Hilfreiche Nebenrechnung 1

Definiere zunächst der Übersicht halber

$$f_{\vec{k}}(x) = e^{i(\vec{k}\cdot\vec{x} - \omega(\vec{k})t)} \text{ mit } \omega(\vec{k}) = \sqrt{m^2 + \vec{k}^2},$$

sowie

$$a \overleftrightarrow{\partial_0} b = a\frac{\partial b}{\partial t} - \frac{\partial a}{\partial t}b.$$

Zu zeigen:

(i) $\quad i\int d^3x\, f_{\vec{k}}^*(x) \overleftrightarrow{\partial_0} f_{\vec{k}'}(x) = (2\pi)^3 2\omega(\vec{k})\delta^3(\vec{k} - \vec{k}'),$

(ii) $\quad i\int d^3x\, f_{\vec{k}}(x) \overleftrightarrow{\partial_0} f_{\vec{k}'}(x) = 0.$

Lösung:

$$(i) \quad i \int d^3x \, f_{\vec{k}}^*(x) \overset{\leftrightarrow}{\partial_0} f_{\vec{k}'}(x) = i \int d^3x \left(f_{\vec{k}}^*(x) \frac{\partial f_{\vec{k}'}(x)}{\partial t} - \frac{\partial f_{\vec{k}}^*(x)}{\partial t} f_{\vec{k}'}(x) \right)$$

$$= i \int d^3x \left(-f_{\vec{k}}^*(x) i\omega(\vec{k}') f_{\vec{k}'}(x) - i\omega(\vec{k}) f_{\vec{k}}^*(x) f_{\vec{k}'}(x) \right)$$

$$= \left(\omega(\vec{k}') + \omega(\vec{k}) \right) \int d^3x \, f_{\vec{k}}^*(x) f_{\vec{k}'}(x)$$

$$= \left(\omega(\vec{k}') + \omega(\vec{k}) \right) (2\pi)^3 \delta^3(\vec{k} - \vec{k}') e^{i\omega(\vec{k})t} e^{-i\omega(\vec{k})t}$$

$$= (2\pi)^3 2\omega(\vec{k}) \delta^3(\vec{k} - \vec{k}'),$$

da wegen der Deltafunktion $\omega(\vec{k}) = \omega(\vec{k}')$ gesetzt werden darf.

$$(ii) \quad i \int d^3x \, f_{\vec{k}}(x) \overset{\leftrightarrow}{\partial_0} f_{\vec{k}'}(x) = i \int d^3x \left(f_{\vec{k}}(x) \frac{\partial f_{\vec{k}'}(x)}{\partial t} - \frac{\partial f_{\vec{k}}(x)}{\partial t} f_{\vec{k}'}(x) \right)$$

$$= i \int d^3x \left(f_{\vec{k}}(x)(-i\omega(\vec{k}')) f_{\vec{k}'}(x) - (-i\omega(\vec{k})) f_{\vec{k}}(x) f_{\vec{k}'}(x) \right)$$

$$= \left(\omega(\vec{k}') - \omega(\vec{k}) \right) (2\pi)^3 \delta^3(\vec{k} + \vec{k}') e^{-i\omega(\vec{k})t} e^{-i\omega(\vec{k}')t}$$

$$= 0,$$

da wegen der Deltafunktion $\omega(\vec{k}') = \omega(-\vec{k}) = \omega(\vec{k})$ gesetzt werden darf.

7.7   Hilfreiche Nebenrechnung 2

Zu zeigen: Für den Vernichtungsoperator gilt

$$a(\vec{k}) = i \int d^3x \, f_{\vec{k}}^*(x) \overset{\leftrightarrow}{\partial_0} \Phi(x).$$

Lösung:

$$i \int d^3x \, f_{\vec{k}}^*(x) \overset{\leftrightarrow}{\partial_0} \Phi(x) = i \int d^3x \left(f_{\vec{k}}^*(x) \frac{\partial \Phi(x)}{\partial t} - \frac{\partial f_{\vec{k}}^*(x)}{\partial t} \Phi(x) \right)$$

$$= i \int d^3x \Big[f_{\vec{k}}^*(x) \int \widetilde{d^3k'} \left(-i\omega(\vec{k}')a(\vec{k}')f_{\vec{k}'}(x) + i\omega(\vec{k}')a^\dagger(\vec{k}')f_{\vec{k}'}^*(x) \right)$$

$$- i\omega(\vec{k})f_{\vec{k}}^*(x) \int \widetilde{d^3k'} \left(a(\vec{k}')f_{\vec{k}'}(x) + a^\dagger(\vec{k}')f_{\vec{k}'}^*(x) \right) \Big]$$

$$= \int d^3x \int \widetilde{d^3k'} \left(\omega(\vec{k}')a(\vec{k}')f_{\vec{k}}^*(x)f_{\vec{k}'}(x) - \omega(\vec{k}')a^\dagger(\vec{k}')f_{\vec{k}}^*(x)f_{\vec{k}'}^*(x) \right)$$

$$+ \omega(\vec{k})a(\vec{k}')f_{\vec{k}}^*(x)f_{\vec{k}'}(x) + \omega(\vec{k})a^\dagger(\vec{k}')f_{\vec{k}}^*(x)f_{\vec{k}'}^*(x) \Big)$$

$$= \int \widetilde{d^3k'} \int d^3x \left((\omega(\vec{k}') + \omega(\vec{k}))a(\vec{k}')f_{\vec{k}}^*(x)f_{\vec{k}'}(x) + (-\omega(\vec{k}') + \omega(\vec{k})) \right.$$

$$\times \left. a^\dagger(\vec{k}')f_{\vec{k}}^*(x)f_{\vec{k}'}^*(x) \right) = \dots$$

Verwende nun die Identitäten $\int d^3x \, f_{\vec{k}}^*(x)f_{\vec{k}'}(x) = (2\pi)^3\delta^3(\vec{k} - \vec{k}')e^{i(\omega(\vec{k})-\omega(\vec{k}'))t}$
und $\int d^3x \, f_{\vec{k}}^*(x)f_{\vec{k}'}^*(x) = (2\pi)^3\delta^3(\vec{k} + \vec{k}')e^{i(\omega(\vec{k})+\omega(\vec{k}'))t}$:

$$\dots = \int \frac{d^3k'}{(2\pi)^3 2\omega(\vec{k}')} \left((\omega(\vec{k}') + \omega(\vec{k}))a(\vec{k}')(2\pi)^3\delta^3(\vec{k} - \vec{k}') + (-\omega(\vec{k}') + \omega(\vec{k})) \right.$$

$$\times \left. a^\dagger(\vec{k}')(2\pi)^3\delta^3(\vec{k} + \vec{k}') \right)$$

$$= \frac{1}{(2\pi)^3 2\omega(\vec{k})} 2\omega(\vec{k})(2\pi)^3 a(\vec{k})$$

$$= a(\vec{k}).$$

Bemerkung: Für den Erzeugungsoperator gilt

$$a^\dagger(\vec{k}) = -i \int d^3x \, f_{\vec{k}}(x) \overset{\leftrightarrow}{\partial_0} \Phi(x).$$

Begründung:

$$a^\dagger \vec{k} = \left(a(\vec{k})\right)^\dagger = \left(i \int d^3x \, f_{\vec{k}}^*(x) \overleftrightarrow{\partial_0} \Phi(x)\right)^\dagger$$

$$= \left(i \int d^3x \left(f_{\vec{k}}^*(x)\frac{\partial \Phi(x)}{\partial t} - \frac{\partial f_{\vec{k}}^*(x)}{\partial t}\Phi(x)\right)\right)^\dagger$$

$$= -i \int d^3x \left(f_{\vec{k}}(x)\frac{\partial \Phi^\dagger(x)}{\partial t} - \frac{\partial f_{\vec{k}}(x)}{\partial t}\Phi^\dagger(x)\right)$$

$$\overset{\Phi=\Phi^\dagger}{=} -i \int d^3x \, f_{\vec{k}}(x) \overleftrightarrow{\partial_0} \Phi(x).$$

7.8 Vertauschungsrelationen von $a(\vec{k})$ und $a^\dagger(\vec{k})$

Zu zeigen:

$$(i) \quad [a(\vec{k}), a^\dagger(\vec{k}')] = (2\pi)^3 2\omega(\vec{k})\delta^3(\vec{k} - \vec{k}'),$$

$$(ii) \quad [a^\dagger(\vec{k}), a^\dagger(\vec{k}')] = 0,$$

$$(iii) \quad [a(\vec{k}), a(\vec{k}')] = 0.$$

Lösung: In der folgenden Rechnung werden in den Integranden dieselben Zeiten sowie $\dot{\Phi}(x) = \Pi(x)$ verwendet.

$$(i) \quad [a(\vec{k}), a^\dagger(\vec{k}')] \overset{7.7}{=} \left[i \int d^3x \, f_{\vec{k}}^*(x) \overleftrightarrow{\partial_0} \Phi(x), -i \int d^3y \, f_{\vec{k}'}(y) \overleftrightarrow{\partial_0} \Phi(y)\right]$$

$$= \int d^3x \, d^3y \left[f_{\vec{k}}^*(x)\dot{\Phi}(x) - \dot{f}_{\vec{k}}^*(x)\Phi(x), f_{\vec{k}'}(y)\dot{\Phi}(y) - \dot{f}_{\vec{k}'}(y)\Phi(y)\right]$$

$$= \int d^3x \, d^3y \left(f_{\vec{k}}^*(x)f_{\vec{k}'}(y)[\Pi(x), \Pi(y)] - f_{\vec{k}}^*(x)\dot{f}_{\vec{k}'}(y)[\Pi(x), \Phi(y)]\right.$$

$$\left. - \dot{f}_{\vec{k}}^*(x)f_{\vec{k}'}(y)[\Phi(x), \Pi(y)] + \dot{f}_{\vec{k}}^*(x)\dot{f}_{\vec{k}'}(y)[\Phi(x), \Phi(y)]\right)$$

$$= \int d^3x \, d^3y \left(f_{\vec{k}}^*(x)f_{\vec{k}'}(y) \cdot 0 - f_{\vec{k}}^*(x)\dot{f}_{\vec{k}'}(y)\left(-i\delta^3(\vec{x} - \vec{y})\right)\right.$$

$$\left. - \dot{f}_{\vec{k}}^*(x)f_{\vec{k}'}(y)\left(i\delta^3(\vec{x} - \vec{y})\right) + \dot{f}_{\vec{k}}^*(x)\dot{f}_{\vec{k}'}(y) \cdot 0\right)$$

$$= i \int d^3x \left(f_{\vec{k}}^*(x)\dot{f}_{\vec{k}'}(x) - \dot{f}_{\vec{k}}^*(x)f_{\vec{k}'}(x)\right)$$

$$= i \int d^3x \, f_{\vec{k}}^*(x) \overleftrightarrow{\partial_0} f_{\vec{k}'}(x) \overset{7.6}{=} (2\pi)^3 2\omega(\vec{k})\delta^3(\vec{k} - \vec{k}').$$

$$(ii) \quad [a^\dagger(\vec{k}), a^\dagger(\vec{k}')] \overset{7.7}{=} \left[-i \int d^3x \, f_{\vec{k}}(x) \overset{\leftrightarrow}{\partial_0} \Phi(x), -i \int d^3y \, f_{\vec{k}'}(y) \overset{\leftrightarrow}{\partial_0} \Phi(y) \right]$$

$$= -\int d^3x \, d^3y \left[f_{\vec{k}}(x) \dot{\Phi}(x) - \dot{f}_{\vec{k}}(x) \Phi(x), f_{\vec{k}'}(y) \dot{\Phi}(y) - \dot{f}_{\vec{k}'}(y) \Phi(y) \right]$$

$$= -\int d^3x \, d^3y \left(f_{\vec{k}}(x) f_{\vec{k}'}(y)[\Pi(x), \Pi(y)] - f_{\vec{k}}(x) \dot{f}_{\vec{k}'}(y)[\Pi(x), \Phi(y)] \right.$$

$$\left. - \dot{f}_{\vec{k}}(x) f_{\vec{k}'}(y)[\Phi(x), \Pi(y)] + \dot{f}_{\vec{k}}(x) \dot{f}_{\vec{k}'}(y)[\Phi(x), \Phi(y)] \right)$$

$$= -\int d^3x \, d^3y \left(f_{\vec{k}}(x) f_{\vec{k}'}(y) \cdot 0 - f_{\vec{k}}(x) \dot{f}_{\vec{k}'}(y) \left(-i\delta^3(\vec{x} - \vec{y}) \right) \right.$$

$$\left. - \dot{f}_{\vec{k}}(x) f_{\vec{k}'}(y) \left(i\delta^3(\vec{x} - \vec{y}) \right) + \dot{f}_{\vec{k}}(x) \dot{f}_{\vec{k}'}(y) \cdot 0 \right)$$

$$= -i \int d^3x \left(f_{\vec{k}}(x) \dot{f}_{\vec{k}'}(x) - \dot{f}_{\vec{k}}(x) f_{\vec{k}'}(x) \right)$$

$$= -i \int d^3x \, f_{\vec{k}}(x) \overset{\leftrightarrow}{\partial_0} f_{\vec{k}'}(x) \overset{7.6}{=} 0.$$

Behauptung (iii) ergibt sich aus (ii) durch Anwendung der Identität $[A^\dagger, B^\dagger] = \left(-[A, B] \right)^\dagger$.

7.9 Hamilton-Funktion des Klein-Gordon-Feldes

Zu zeigen: Die Hamilton-Funktion

$$H = \frac{1}{2} \int d^3x \left(\Pi^2 + \vec{\nabla}\Phi \cdot \vec{\nabla}\Phi + m^2\Phi^2 \right)$$

des Klein-Gordon-Feldes lautet ausgedrückt durch die Erzeugungs- und Vernichtungsoperatoren $a^\dagger(\vec{k})$ und $a(\vec{k})$

$$H = \frac{1}{2} \int \widetilde{d^3k} \, \omega(\vec{k}) \left(a^\dagger(\vec{k}) a(\vec{k}) + a(\vec{k}) a^\dagger(\vec{k}) \right).$$

<u>Lösung:</u> Beginne mit einigen nützlichen Nebenrechnungen:

$$\Phi(t,\vec{x}) = \int \widetilde{d^3k}\left(a(\vec{k})e^{i(\vec{k}\cdot\vec{x}-\omega t)} + a^\dagger(\vec{k})e^{-i(\vec{k}\cdot\vec{x}-\omega t)}\right),$$

$$\Pi(t,\vec{x}) = \dot{\Phi}(t,\vec{x}) = \int \widetilde{d^3k}\left(-i\omega\, a(\vec{k})e^{i(\vec{k}\cdot\vec{x}-\omega t)} + i\omega\, a^\dagger(\vec{k})e^{-i(\vec{k}\cdot\vec{x}-\omega t)}\right),$$

$$\vec{\nabla}\Phi(t,\vec{x}) = \int \widetilde{d^3k}\left(i\vec{k}\, a(\vec{k})e^{i(\vec{k}\cdot\vec{x}-\omega t)} - i\vec{k}\, a^\dagger(\vec{k})e^{-i(\vec{k}\cdot\vec{x}-\omega t)}\right),$$

wobei $\omega = \omega(\vec{k}) = \sqrt{m^2 + \vec{k}^2}$.

Betrachte nun die Hamilton-Funktion als Summe von drei Integralen und berechne diese zunächst separat, wobei der Übersicht halber $\omega(\vec{k}) = \omega$ und $\omega(\vec{k}') = \omega'$ sowie $a(\vec{k}) = a$ und $a(\vec{k}') = a'$ (analog für die konjugierten Operatoren) gesetzt wird. Unter $(*)$ werden dann die entsprechenden Zeilen zusammen betrachtet und man erhält das gewünschte Ergebnis.

(1) $\dfrac{1}{2}\displaystyle\int d^3x\,\Pi^2 = \dfrac{1}{2}\int d^3x \int \widetilde{d^3k}\left(-i\omega\, a f_{\vec{k}} + i\omega\, a^\dagger f_{\vec{k}}^*\right)$

$\qquad\qquad\qquad \times \displaystyle\int \widetilde{d^3k'}\left(-i\omega'\, a' f_{\vec{k}'} + i\omega'\, a^{\dagger'} f_{\vec{k}'}^*\right)$

$\qquad = -\dfrac{1}{2}\displaystyle\int d^3x \int \widetilde{d^3k} \int \widetilde{d^3k'}\; \omega\omega'\, aa'\, e^{-i\omega t}e^{-i\omega' t}e^{i\vec{k}\cdot\vec{x}}e^{i\vec{k}'\cdot\vec{x}}$

$\qquad\quad + \dfrac{1}{2}\displaystyle\int d^3x \int \widetilde{d^3k} \int \widetilde{d^3k'}\; \omega\omega'\, aa^{\dagger'}\, e^{-i\omega t}e^{i\omega' t}e^{i\vec{k}\cdot\vec{x}}e^{-i\vec{k}'\cdot\vec{x}}$

$\qquad\quad + \dfrac{1}{2}\displaystyle\int d^3x \int \widetilde{d^3k} \int \widetilde{d^3k'}\; \omega\omega'\, a^\dagger a'\, e^{i\omega t}e^{-i\omega' t}e^{-i\vec{k}\cdot\vec{x}}e^{i\vec{k}'\cdot\vec{x}}$

$\qquad\quad - \dfrac{1}{2}\displaystyle\int d^3x \int \widetilde{d^3k} \int \widetilde{d^3k'}\; \omega\omega'\, a^\dagger a^{\dagger'}\, e^{i\omega t}e^{i\omega' t}e^{-i\vec{k}\cdot\vec{x}}e^{-i\vec{k}'\cdot\vec{x}}$

$\qquad = -\dfrac{1}{2}\displaystyle\int \widetilde{d^3k} \int \widetilde{d^3k'}\; \omega\omega'\, aa'\, e^{-i\omega t}e^{-i\omega' t}\int d^3x\; e^{i\vec{k}\cdot\vec{x}}e^{i\vec{k}'\cdot\vec{x}}$

$\qquad\quad + \dfrac{1}{2}\displaystyle\int \widetilde{d^3k} \int \widetilde{d^3k'}\; \omega\omega'\, aa^{\dagger'}\, e^{-i\omega t}e^{i\omega' t}\int d^3x\; e^{i\vec{k}\cdot\vec{x}}e^{-i\vec{k}'\cdot\vec{x}}$

$\qquad\quad + \dfrac{1}{2}\displaystyle\int \widetilde{d^3k} \int \widetilde{d^3k'}\; \omega\omega'\, a^\dagger a'\, e^{i\omega t}e^{-i\omega' t}\int d^3x\; e^{-i\vec{k}\cdot\vec{x}}e^{i\vec{k}'\cdot\vec{x}}$

$\qquad\quad - \dfrac{1}{2}\displaystyle\int \widetilde{d^3k} \int \widetilde{d^3k'}\; \omega\omega'\, a^\dagger a^{\dagger'}\, e^{i\omega t}e^{i\omega' t}\int d^3x\; e^{-i\vec{k}\cdot\vec{x}}e^{-i\vec{k}'\cdot\vec{x}}$

$\qquad = -\dfrac{1}{2}\displaystyle\int \widetilde{d^3k} \int \frac{d^3k'}{(2\pi)^3 2\omega(\vec{k}')}\; \omega\omega'\, aa'\, e^{-i\omega t}e^{-i\omega' t}\,(2\pi)^3\delta^3(\vec{k}+\vec{k}')$

$\qquad\quad + \dfrac{1}{2}\displaystyle\int \widetilde{d^3k} \int \frac{d^3k'}{(2\pi)^3 2\omega(\vec{k}')}\; \omega\omega'\, aa^{\dagger'}\, e^{-i\omega t}e^{i\omega' t}\,(2\pi)^3\delta^3(\vec{k}-\vec{k}')$

$$+ \frac{1}{2} \int \widetilde{d^3k} \int \frac{d^3k'}{(2\pi)^3 2\omega(\vec{k}')} \, \omega\omega' a^\dagger a' e^{i\omega t} e^{-i\omega' t} \, (2\pi)^3 \delta^3(-\vec{k}+\vec{k}')$$

$$- \frac{1}{2} \int \widetilde{d^3k} \int \frac{d^3k'}{(2\pi)^3 2\omega(\vec{k}')} \, \omega\omega' a^\dagger a^{\dagger'} e^{i\omega t} e^{i\omega' t} \, (2\pi)^3 \delta^3(-\vec{k}-\vec{k}')$$

$$= -\frac{1}{2} \int \widetilde{d^3k} \frac{1}{2\omega(-\vec{k})} \omega(\vec{k})\omega(-\vec{k})a(\vec{k})a(-\vec{k})e^{-i\omega(\vec{k})t} e^{-i\omega(-\vec{k})t}$$

$$+ \frac{1}{2} \int \widetilde{d^3k} \frac{1}{2\omega(\vec{k})} \omega(\vec{k})\omega(\vec{k})a(\vec{k})a^\dagger(\vec{k})e^{-i\omega(\vec{k})t} e^{i\omega(\vec{k})t}$$

$$+ \frac{1}{2} \int \widetilde{d^3k} \frac{1}{2\omega(\vec{k})} \omega(\vec{k})\omega(\vec{k})a^\dagger(\vec{k})a(\vec{k})e^{i\omega(\vec{k})t} e^{-i\omega(\vec{k})t}$$

$$- \frac{1}{2} \int \widetilde{d^3k} \frac{1}{2\omega(-\vec{k})} \omega(\vec{k})\omega(-\vec{k})a^\dagger(\vec{k})a^\dagger(-\vec{k})e^{i\omega(\vec{k})t} e^{i\omega(-\vec{k})t}$$

$$\overset{\omega(\vec{k})=\omega(-\vec{k})}{=} -\frac{1}{2} \int \widetilde{d^3k} \, (\omega(\vec{k}))^2 \frac{1}{2\omega(\vec{k})} a(\vec{k})a(-\vec{k})e^{-2i\omega(\vec{k})t}$$

$$+ \frac{1}{2} \int \widetilde{d^3k} \, (\omega(\vec{k}))^2 \frac{1}{2\omega(\vec{k})} a(\vec{k})a^\dagger(\vec{k}) \cdot 1$$

$$+ \frac{1}{2} \int \widetilde{d^3k} \, (\omega(\vec{k}))^2 \frac{1}{2\omega(\vec{k})} a^\dagger(\vec{k})a(\vec{k}) \cdot 1$$

$$- \frac{1}{2} \int \widetilde{d^3k} \, (\omega(\vec{k}))^2 \frac{1}{2\omega(\vec{k})} a^\dagger(\vec{k})a^\dagger(-\vec{k})e^{2i\omega(\vec{k})t}.$$

(2) $\quad \frac{1}{2} \int d^3x \, \vec{\nabla}\Phi \cdot \vec{\nabla}\Phi = \frac{1}{2} \int d^3x \int \widetilde{d^3k} \left(i\vec{k}\, a f_{\vec{k}} - i\vec{k}\, a^\dagger f_{\vec{k}}^* \right)$

$$\times \int \widetilde{d^3k'} \left(i\vec{k}'\, a' f_{\vec{k}'} - i\vec{k}'\, a^{\dagger'} f_{\vec{k}'}^* \right)$$

$$= -\frac{1}{2} \int d^3x \int \widetilde{d^3k} \int \widetilde{d^3k'} \, \vec{k}\cdot\vec{k}' aa' e^{-i\omega t} e^{-i\omega' t} e^{i\vec{k}\cdot\vec{x}} e^{i\vec{k}'\cdot\vec{x}}$$

$$+ \frac{1}{2} \int d^3x \int \widetilde{d^3k} \int \widetilde{d^3k'} \, \vec{k}\cdot\vec{k}' aa^{\dagger'} e^{-i\omega t} e^{i\omega' t} e^{i\vec{k}\cdot\vec{x}} e^{-i\vec{k}'\cdot\vec{x}}$$

$$+ \frac{1}{2} \int d^3x \int \widetilde{d^3k} \int \widetilde{d^3k'} \, \vec{k}\cdot\vec{k}' a^\dagger a' e^{i\omega t} e^{-i\omega' t} e^{-i\vec{k}\cdot\vec{x}} e^{i\vec{k}'\cdot\vec{x}}$$

$$- \frac{1}{2} \int d^3x \int \widetilde{d^3k} \int \widetilde{d^3k'} \, \vec{k}\cdot\vec{k}' a^\dagger a^{\dagger'} e^{i\omega t} e^{i\omega' t} e^{-i\vec{k}\cdot\vec{x}} e^{-i\vec{k}'\cdot\vec{x}}$$

$$= -\frac{1}{2} \int \widetilde{d^3k} \int \widetilde{d^3k'} \, \vec{k}\cdot\vec{k}' aa' e^{-i\omega t} e^{-i\omega' t} \int d^3x \, e^{i\vec{k}\cdot\vec{x}} e^{i\vec{k}'\cdot\vec{x}}$$

$$+ \frac{1}{2} \int \widetilde{d^3k} \int \widetilde{d^3k'} \, \vec{k}\cdot\vec{k}' aa^{\dagger'} e^{-i\omega t} e^{i\omega' t} \int d^3x \, e^{i\vec{k}\cdot\vec{x}} e^{-i\vec{k}'\cdot\vec{x}}$$

$$+ \frac{1}{2} \int \widetilde{d^3k} \int \widetilde{d^3k'} \, \vec{k}\cdot\vec{k}' a^\dagger a' e^{i\omega t} e^{-i\omega' t} \int d^3x \, e^{-i\vec{k}\cdot\vec{x}} e^{i\vec{k}'\cdot\vec{x}}$$

$$- \frac{1}{2} \int \widetilde{d^3k} \int \widetilde{d^3k'} \, \vec{k}\cdot\vec{k}' a^\dagger a^{\dagger'} e^{i\omega t} e^{i\omega' t} \int d^3x \, e^{-i\vec{k}\cdot\vec{x}} e^{-i\vec{k}'\cdot\vec{x}}$$

$$= -\frac{1}{2} \int \widetilde{d^3k} \int \frac{d^3k'}{(2\pi)^3 2\omega(\vec{k'})} \, \vec{k} \cdot \vec{k'} aa' e^{-i\omega t} e^{-i\omega' t} \, (2\pi)^3 \delta^3(\vec{k} + \vec{k'})$$

$$+ \frac{1}{2} \int \widetilde{d^3k} \int \frac{d^3k'}{(2\pi)^3 2\omega(\vec{k'})} \, \vec{k} \cdot \vec{k'} aa^{\dagger'} e^{-i\omega t} e^{i\omega' t} \, (2\pi)^3 \delta^3(\vec{k} - \vec{k'})$$

$$+ \frac{1}{2} \int \widetilde{d^3k} \int \frac{d^3k'}{(2\pi)^3 2\omega(\vec{k'})} \, \vec{k} \cdot \vec{k'} a^{\dagger} a' e^{i\omega t} e^{-i\omega' t} \, (2\pi)^3 \delta^3(-\vec{k} + \vec{k'})$$

$$- \frac{1}{2} \int \widetilde{d^3k} \int \frac{d^3k'}{(2\pi)^3 2\omega(\vec{k'})} \, \vec{k} \cdot \vec{k'} a^{\dagger} a^{\dagger'} e^{i\omega t} e^{i\omega' t} \, (2\pi)^3 \delta^3(-\vec{k} - \vec{k'})$$

$$= -\frac{1}{2} \int \widetilde{d^3k} \frac{1}{2\omega(-\vec{k})} \vec{k} \cdot (-\vec{k}) a(\vec{k}) a(-\vec{k}) e^{-i\omega(\vec{k})t} e^{-i\omega(-\vec{k})t}$$

$$+ \frac{1}{2} \int \widetilde{d^3k} \frac{1}{2\omega(\vec{k})} \vec{k} \cdot \vec{k} a(\vec{k}) a^{\dagger}(\vec{k}) e^{-i\omega(\vec{k})t} e^{i\omega(\vec{k})t}$$

$$+ \frac{1}{2} \int \widetilde{d^3k} \frac{1}{2\omega(\vec{k})} \vec{k} \cdot \vec{k} a^{\dagger}(\vec{k}) a(\vec{k}) e^{i\omega(\vec{k})t} e^{-i\omega(\vec{k})t}$$

$$- \frac{1}{2} \int \widetilde{d^3k} \frac{1}{2\omega(-\vec{k})} (-\vec{k}) \cdot \vec{k} a^{\dagger}(\vec{k}) a^{\dagger}(-\vec{k}) e^{i\omega(\vec{k})t} e^{i\omega(-\vec{k})t}$$

$$\overset{\omega(\vec{k}) = \omega(-\vec{k})}{=} + \frac{1}{2} \int \widetilde{d^3k} \, \vec{k}^2 \frac{1}{2\omega(\vec{k})} a(\vec{k}) a(-\vec{k}) e^{-2i\omega(\vec{k})t}$$

$$+ \frac{1}{2} \int \widetilde{d^3k} \, \vec{k}^2 \frac{1}{2\omega(\vec{k})} a(\vec{k}) a^{\dagger}(\vec{k}) \cdot 1$$

$$+ \frac{1}{2} \int \widetilde{d^3k} \, \vec{k}^2 \frac{1}{2\omega(\vec{k})} a^{\dagger}(\vec{k}) a(\vec{k}) \cdot 1$$

$$+ \frac{1}{2} \int \widetilde{d^3k} \, \vec{k}^2 \frac{1}{2\omega(\vec{k})} a^{\dagger}(\vec{k}) a^{\dagger}(-\vec{k}) e^{2i\omega(\vec{k})t} .$$

(3) $\frac{1}{2} \int d^3x \, m^2 \Phi^2 = \frac{1}{2} \int d^3x \, m^2 \int \widetilde{d^3k} \left(a f_{\vec{k}} + a^{\dagger} f_{\vec{k}}^* \right) \cdot \int \widetilde{d^3k'} \left(a' f_{\vec{k'}} + a^{\dagger'} f_{\vec{k'}}^* \right)$

$$= \frac{1}{2} m^2 \int d^3x \int \widetilde{d^3k} \int \widetilde{d^3k'} \, aa' e^{-i\omega t} e^{-i\omega' t} e^{i\vec{k}\cdot\vec{x}} e^{i\vec{k'}\cdot\vec{x}}$$

$$+ \frac{1}{2} m^2 \int d^3x \int \widetilde{d^3k} \int \widetilde{d^3k'} \, aa^{\dagger'} e^{-i\omega t} e^{i\omega' t} e^{i\vec{k}\cdot\vec{x}} e^{-i\vec{k'}\cdot\vec{x}}$$

$$+ \frac{1}{2} m^2 \int d^3x \int \widetilde{d^3k} \int \widetilde{d^3k'} \, a^{\dagger} a' e^{i\omega t} e^{-i\omega' t} e^{-i\vec{k}\cdot\vec{x}} e^{i\vec{k'}\cdot\vec{x}}$$

$$+ \frac{1}{2} m^2 \int d^3x \int \widetilde{d^3k} \int \widetilde{d^3k'} \, a^{\dagger} a^{\dagger'} e^{i\omega t} e^{i\omega' t} e^{-i\vec{k}\cdot\vec{x}} e^{-i\vec{k'}\cdot\vec{x}}$$

$$= \frac{1}{2} m^2 \int \widetilde{d^3k} \int \widetilde{d^3k'} \, aa' e^{-i\omega t} e^{-i\omega' t} \int d^3x \, e^{i\vec{k}\cdot\vec{x}} e^{i\vec{k'}\cdot\vec{x}}$$

$$+ \frac{1}{2} m^2 \int \widetilde{d^3k} \int \widetilde{d^3k'} \, aa^{\dagger'} e^{-i\omega t} e^{i\omega' t} \int d^3x \, e^{i\vec{k}\cdot\vec{x}} e^{-i\vec{k'}\cdot\vec{x}}$$

$$+ \frac{1}{2} m^2 \int \widetilde{d^3k} \int \widetilde{d^3k'} \, a^{\dagger} a' e^{i\omega t} e^{-i\omega' t} \int d^3x \, e^{-i\vec{k}\cdot\vec{x}} e^{i\vec{k'}\cdot\vec{x}}$$

$$+ \frac{1}{2}m^2 \int \widetilde{d^3k} \int \widetilde{d^3k'} \; a^\dagger a^{\dagger'} e^{i\omega t} e^{i\omega' t} \int d^3x \; e^{-i\vec{k}\cdot\vec{x}} e^{-i\vec{k}'\cdot\vec{x}}$$

$$= \frac{1}{2}m^2 \int \widetilde{d^3k} \int \frac{d^3k'}{(2\pi)^3 2\omega(\vec{k}')} \; aa' e^{-i\omega t} e^{-i\omega' t} \, (2\pi)^3 \delta^3(\vec{k} + \vec{k}')$$

$$+ \frac{1}{2}m^2 \int \widetilde{d^3k} \int \frac{d^3k'}{(2\pi)^3 2\omega(\vec{k}')} \; aa^{\dagger'} e^{-i\omega t} e^{i\omega' t} \, (2\pi)^3 \delta^3(\vec{k} - \vec{k}')$$

$$+ \frac{1}{2}m^2 \int \widetilde{d^3k} \int \frac{d^3k'}{(2\pi)^3 2\omega(\vec{k}')} \; a^\dagger a' e^{i\omega t} e^{-i\omega' t} \, (2\pi)^3 \delta^3(-\vec{k} + \vec{k}')$$

$$+ \frac{1}{2}m^2 \int \widetilde{d^3k} \int \frac{d^3k'}{(2\pi)^3 2\omega(\vec{k}')} \; a^\dagger a^{\dagger'} e^{i\omega t} e^{i\omega' t} \, (2\pi)^3 \delta^3(-\vec{k} - \vec{k}')$$

$$= \frac{1}{2}m^2 \int \widetilde{d^3k} \frac{1}{2\omega(-\vec{k})} a(\vec{k})a(-\vec{k}) e^{-i\omega(\vec{k})t} e^{-i\omega(-\vec{k})t}$$

$$+ \frac{1}{2}m^2 \int \widetilde{d^3k} \frac{1}{2\omega(\vec{k})} a(\vec{k})a^\dagger(\vec{k}) e^{-i\omega(\vec{k})t} e^{i\omega(\vec{k})t}$$

$$+ \frac{1}{2}m^2 \int \widetilde{d^3k} \frac{1}{2\omega(\vec{k})} a^\dagger(\vec{k})a(\vec{k}) e^{i\omega(\vec{k})t} e^{-i\omega(\vec{k})t}$$

$$+ \frac{1}{2}m^2 \int \widetilde{d^3k} \frac{1}{2\omega(-\vec{k})} a^\dagger(\vec{k})a^\dagger(-\vec{k}) e^{i\omega(\vec{k})t} e^{i\omega(-\vec{k})t}$$

$$\overset{\omega(\vec{k})=\omega(-\vec{k})}{=} \frac{1}{2}m^2 \int \widetilde{d^3k} \frac{1}{2\omega(\vec{k})} a(\vec{k})a(-\vec{k}) e^{-2i\omega(\vec{k})t}$$

$$+ \frac{1}{2}m^2 \int \widetilde{d^3k} \frac{1}{2\omega(\vec{k})} a(\vec{k})a^\dagger(\vec{k}) \cdot 1$$

$$+ \frac{1}{2}m^2 \int \widetilde{d^3k} \frac{1}{2\omega(\vec{k})} a^\dagger(\vec{k})a(\vec{k}) \cdot 1$$

$$+ \frac{1}{2}m^2 \int \widetilde{d^3k} \frac{1}{2\omega(\vec{k})} a^\dagger(\vec{k})a^\dagger(-\vec{k}) e^{2i\omega(\vec{k})t} \; .$$

($*$) Betrachte nun die Faktoren der entsprechenden Zeilen der einzelnen Strukturen:

$a(\vec{k})a(-\vec{k})$-Term: $\qquad -\frac{1}{2}\left(\omega(\vec{k})\right)^2 + \frac{1}{2}\vec{k}^2 + \frac{1}{2}m^2 = 0,$

$a(\vec{k})a^\dagger(\vec{k})$-Term: $\qquad \frac{1}{2}\left(\omega(\vec{k})\right)^2 + \frac{1}{2}\vec{k}^2 + \frac{1}{2}m^2 = \left(\omega(\vec{k})\right)^2,$

$a^\dagger(\vec{k})a(\vec{k})$-Term: $\qquad \frac{1}{2}\left(\omega(\vec{k})\right)^2 + \frac{1}{2}\vec{k}^2 + \frac{1}{2}m^2 = \left(\omega(\vec{k})\right)^2,$

$a^\dagger(\vec{k})a(-\vec{k})$-Term: $\qquad -\frac{1}{2}\left(\omega(\vec{k})\right)^2 + \frac{1}{2}\vec{k}^2 + \frac{1}{2}m^2 = 0.$

Damit ergibt sich für die Hamilton-Funktion

$$H = \int \widetilde{d^3k} \left(\frac{1}{2}\omega(\vec{k})a(\vec{k})a^\dagger(\vec{k}) + \frac{1}{2}\omega(\vec{k})a^\dagger(\vec{k})a(\vec{k}) \right)$$
$$= \frac{1}{2} \int \widetilde{d^3k}\, \omega(\vec{k})\big(a(\vec{k})a^\dagger(\vec{k}) + a^\dagger(\vec{k})a(\vec{k})\big).$$

7.10   Hilfreiche Nebenrechnung 3

Zu zeigen:

$$[H, a(\vec{k})] = -\omega(\vec{k})a(\vec{k}).$$

Lösung: Berechne mithilfe der Rechenregeln

$$[A + B, C] = [A, C] + [B, C],$$
$$[AB, C] = A\,[B, C] + [A, C]B,$$

für Kommutatoren:

$$[H, a(\vec{k})] = \frac{1}{2}\int \widetilde{d^3k'}\, \omega(\vec{k}')[a^\dagger(\vec{k}')a(\vec{k}') + a(\vec{k}')a^\dagger(\vec{k}'), a(\vec{k})]$$
$$= \frac{1}{2}\int \widetilde{d^3k'}\, \omega(\vec{k}')\big([a^\dagger(\vec{k}')a(\vec{k}'), a(\vec{k})] + [a(\vec{k}')a^\dagger(\vec{k}'), a(\vec{k})]\big)$$
$$= \frac{1}{2}\int \widetilde{d^3k'}\, \omega(\vec{k}')\big(a^\dagger(\vec{k}')[a(\vec{k}'), a(\vec{k})] + [a^\dagger(\vec{k}'), a(\vec{k})]a(\vec{k}')$$
$$+ a(\vec{k}')[a^\dagger(\vec{k}'), a(\vec{k})] + [a(\vec{k}'), a(\vec{k})]a^\dagger(\vec{k}')\big)$$
$$= \frac{1}{2}\int \frac{d^3k'}{(2\pi)^3 2\omega(\vec{k}')}\, \omega(\vec{k}')\big(a^\dagger(\vec{k}') \cdot 0 + \big(-(2\pi)^3 2\omega(\vec{k}')\delta^3(\vec{k} - \vec{k}')\big)a(\vec{k}')$$
$$+ a(\vec{k}')\big(-(2\pi)^3 2\omega(\vec{k}')\delta^3(\vec{k} - \vec{k}')\big) + 0 \cdot a^\dagger(\vec{k}')\big)$$

$$= -\int d^3k'\, \frac{1}{2} 2\omega(\vec{k}')\delta^3(\vec{k} - \vec{k}')a(\vec{k}')$$
$$= -\omega(\vec{k})a(\vec{k}).$$

7.11 Gauß'sche Integrale 1

Zu zeigen:

$$\mathcal{I} = \int\limits_{-\infty}^{+\infty} dx \ e^{iax^2} = \sqrt{\frac{\pi i}{a}}.$$

Lösung: Betrachte zunächst das Quadrat des Integrals

$$\left[\int\limits_{-\infty}^{+\infty} dx \ e^{iax^2} \right]^2 = \int\limits_{-\infty}^{+\infty} dx \int\limits_{-\infty}^{+\infty} dy \ e^{ia(x^2+y^2)}.$$

Durch die Quadrate im Exponenten wird es deutlich einfacher in Polarkoordinaten zu wechseln mit den Umrechnungen $x = r \ \sin(\varphi)$ und $y = r \ \cos(\varphi)$. Damit wird obiges Doppelintegral zu

$$\int\limits_{0}^{r} r\,dr \int\limits_{0}^{2\pi} d\varphi \ e^{ia\left(r^2\sin^2(\varphi)+r^2\cos^2(\varphi)\right)} = \int\limits_{0}^{r} r\,dr \int\limits_{0}^{2\pi} d\varphi \ e^{iar^2}.$$

Für $r \to \infty$ oszilliert die Funktion $y = e^{iar^2}$ sehr stark (siehe Abbildung 7.1, blauer Graph). Multipliziert man diese Funktion mit dem Faktor $\lim\limits_{\delta\searrow 0} e^{-\delta r^2}$, so fällt die gesamte Funktion $\lim\limits_{\delta\searrow 0} e^{-\delta r^2} e^{-iar^2}$ für größer werdende r ab und geht für $r \to \infty$ gegen null (orangener Graph mit beispielhaftem $\delta = 0,01$). Man nennt dieses Verfahren auch *Regularisierung*.

Je größer das δ gemacht wird, desto größer ist die Dämpfung und desto schneller wird der orange-farbige Graph abfallen. Für jedes $\delta > 0$ soll nun eine Dämpfung stattfinden. Berechne dann

$$\lim\limits_{\delta\searrow 0} 2\pi \int\limits_{0}^{\infty} r\,dr \ e^{(ia-\delta)r^2} = \lim\limits_{\delta\searrow 0} \left[\frac{\pi}{ia-\delta} e^{(ia-\delta)r^2} \right]_{0}^{\infty}$$

$$= \lim\limits_{\delta\searrow 0} \left(-\frac{\pi}{ia-\delta} \right) = -\frac{\pi}{ia} = \frac{\pi i}{a}.$$

Mathematisch hat man also das Integral als Grenzwert $\mathcal{I}(\delta) \xrightarrow{\delta \to 0} = \mathcal{I}(0) = \mathcal{I}$ interpretiert. Daraus folgt, was zu zeigen war, denn

$$\left[\int\limits_{-\infty}^{+\infty} dx \; e^{iax^2} \right]^2 = \frac{\pi i}{a}$$

führt durch Wurzelziehen auf das richtige Ergebnis.

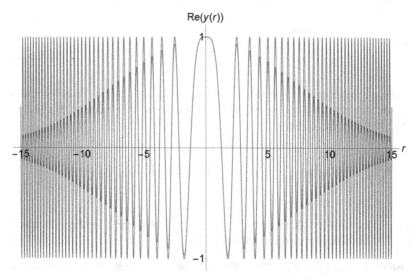

Abbildung 7.1 Plot von $y_{blau}(r) = e^{ir^2}$ und $y_{orange}(r) = e^{-0{,}01r^2} \cdot e^{-ir^2}$

7.12   Gauß'sche Integrale 2

Zu zeigen:

$$\int\limits_{-\infty}^{+\infty} dx \; e^{-ax^2+bx+c} = \sqrt{\frac{\pi}{a}}\exp\!\left(\frac{b^2}{4a} + c\right).$$

Lösung: Berechne

$$\int\limits_{-\infty}^{+\infty} dx\ e^{-ax^2+bx+c} = \int\limits_{-\infty}^{+\infty} dx\ e^{-a(x^2-2\frac{b}{2a}x+\frac{b^2}{4a^2})+\frac{b^2}{4a}+c} = \int\limits_{-\infty}^{+\infty} dx\ e^{-a(x-\frac{b}{2a})^2+\frac{b^2}{4a}+c}$$

$$= \int\limits_{-\infty}^{+\infty} dx\ e^{-a(x-\frac{b}{2a})^2} e^{\frac{b^2}{4a}+c} = \ldots$$

Substituiere $y := x - \frac{b}{2a}$. Dann folgt

$$\ldots = \int\limits_{-\infty}^{+\infty} dx\ e^{-ay^2} e^{\frac{b^2}{4a}+c} \overset{7.11}{=} \sqrt{\frac{\pi}{a}}\exp\left(\frac{b^2}{4a} + c\right).$$

7.13   Gauß'sche Integrale 3

Zu zeigen:

$$\int\limits_{-\infty}^{+\infty} dy_1...dy_{N-1}\ \exp\left[i\sum_{n=1}^{N}(y_n - y_{n-1})^2\right] = \left(\frac{(i\pi)^{N-1}}{N}\right)^{\frac{1}{2}} \exp\left[\frac{i}{N}(y_N - y_0)^2\right].$$

Lösung: Bemerke zunächst

$$\int\limits_{-\infty}^{+\infty} dy_1...dy_{N-1}\ \exp\left[i\sum_{n=1}^{N}(y_n - y_{n-1})^2\right] =$$

$$\int\limits_{-\infty}^{+\infty} dy_1...dy_{N-1}\ \exp\left[i\left((y_1 - y_0)^2 + (y_2 - y_1)^2 + ... + (y_N - y_{N-1})^2\right)\right].$$

Führe nun zum Beweis der Behauptung eine Induktion über N durch:

1. Induktionsbehauptung: Die Lösung des Gauß'schen Integrals

$$\int\limits_{-\infty}^{+\infty} dy_1...dy_{N-1}\, \exp\left[i \sum_{n=1}^{N}(y_n - y_{n-1})^2\right]$$

ist

$$\left(\frac{(i\pi)^{N-1}}{N}\right)^{\frac{1}{2}} \exp\left[\frac{i}{N}(y_N - y_0)^2\right].$$

2. Induktionsanfang: $N = 2$

$$\int\limits_{-\infty}^{+\infty} dy_1\, \exp\left[i\left((y_1-y_0)^2 + (y_2 - y_1)^2\right)\right]$$

$$= \int\limits_{-\infty}^{+\infty} dy_1\, \exp\left[i\left(y_1^2 - 2y_0 y_1 + y_0^2 + y_2^2 - 2y_1 y_2 + y_1^2\right)\right]$$

$$= \int\limits_{-\infty}^{+\infty} dy_1\, \exp\left[i\left(2y_1^2 - 2(y_0 + y_2)y_1 + y_0^2 + y_2^2\right)\right]$$

$$= \int\limits_{-\infty}^{+\infty} dy_1\, \exp\left[-(-2i)y_1^2 - 2i(y_0 + y_2)y_1 + i\left(y_0^2 + y_2^2\right)\right]$$

$$\overset{7.12}{=} \sqrt{\frac{\pi}{-2i}}\, \exp\left[\frac{-4(y_0 + y_2)^2}{4(-2i)} + i\left(y_0^2 + y_2^2\right)\right]$$

$$= \sqrt{\frac{i\pi}{2}}\, \exp\left[-\frac{1}{2}i(y_0 + y_2)^2 + i\left(y_0^2 + y_2^2\right)\right]$$

$$= \sqrt{\frac{i\pi}{2}}\, \exp\left[-\frac{i}{2}\left(y_0^2 + 2y_0 y_2 + y_2^2 - 2y_0^2 - 2y_2^2\right)\right]$$

$$= \sqrt{\frac{i\pi}{2}}\, \exp\left[\frac{i}{2}\left(-y_0^2 - 2y_0 y_2 - y_2^2 + 2y_0^2 + 2y_2^2\right)\right]$$

$$= \sqrt{\frac{i\pi}{2}}\, \exp\left[\frac{i}{2}\left(y_2^2 - 2y_0 y_2 + y_0^2\right)\right]$$

$$= \sqrt{\frac{i\pi}{2}}\, \exp\left[\frac{i}{2}(y_2 - y_0)^2\right].$$

3. Induktionsvoraussetzung: Die Behauptung gelte für alle $N \in \mathbb{N}$.

4. Induktionsschritt: $N \to N+1$

$$\int_{-\infty}^{+\infty} dy_1 ... dy_{N-1} dy_N \exp\left[i\left((y_1 - y_0)^2 + (y_2 - y_1)^2 + ... \right.\right.$$

$$\left.\left. + (y_N - y_{N-1})^2 + (y_{N+1} - y_N)^2 \right) \right]$$

$$= \int_{-\infty}^{+\infty} dy_N \exp\left[i(y_{N+1} - y_N)^2 \right] \int_{-\infty}^{+\infty} dy_1 ... dy_{N-1} \exp\left[i\left((y_1 - y_0)^2 + ... \right.\right.$$

$$\left.\left. + (y_N - y_{N-1})^2 \right) \right]$$

$$= \int_{-\infty}^{+\infty} dy_N \exp\left[i(y_{N+1} - y_N)^2 \right] \left(\frac{(i\pi)^{N-1}}{N} \right)^{\frac{1}{2}} \exp\left[\frac{i}{N}(y_N - y_0)^2 \right]$$

$$= \left(\frac{(i\pi)^{N-1}}{N} \right)^{\frac{1}{2}} \int_{-\infty}^{+\infty} dy_N \exp\left[i\left((y_{N+1} - y_N)^2 + \frac{1}{N}(y_N - y_0)^2 \right) \right]$$

$$= \left(\frac{(i\pi)^{N-1}}{N} \right)^{\frac{1}{2}} \int_{-\infty}^{+\infty} dy_N \exp\left[i\left(y_{N+1}^2 - 2y_N y_{N+1} + y_N^2 \right.\right.$$

$$\left.\left. + \frac{1}{N}y_N^2 - \frac{2y_0}{N}y_N + \frac{y_0^2}{N} \right) \right]$$

$$= \left(\frac{(i\pi)^{N-1}}{N} \right)^{\frac{1}{2}} \int_{-\infty}^{+\infty} dy_N \exp\left[i\left(\left(\frac{N}{N} + \frac{1}{N} \right)y_N^2 + \left(-2y_{N+1} - \frac{2y_0}{N} \right)y_N \right.\right.$$

$$\left.\left. + y_{N+1}^2 + \frac{y_0^2}{N} \right) \right]$$

$$= \left(\frac{(i\pi)^{N-1}}{N} \right)^{\frac{1}{2}} \int_{-\infty}^{+\infty} dy_N \exp\left[-\left(-i\frac{N+1}{N} \right)y_N^2 + \left(-2iy_{N+1} - \frac{2iy_0}{N} \right)y_N \right.$$

$$\left. + iy_{N+1}^2 + \frac{iy_0^2}{N} \right]$$

$$\overset{7.12}{=} \left(\frac{(i\pi)^{N-1}}{N}\right)^{\frac{1}{2}} \left(\frac{\pi}{-i\frac{N+1}{N}}\right)^{\frac{1}{2}} \exp\left[\frac{\left(-2iy_{N+1} - \frac{2iy_0}{N}\right)^2}{4\left(-i\frac{N+1}{N}\right)} + iy_{N+1}^2 + \frac{iy_0^2}{N}\right]$$

$$= \left(\frac{(i\pi)^{N-1}}{N}\right)^{\frac{1}{2}} \left(\frac{i\pi N}{N+1}\right)^{\frac{1}{2}} \exp\left[\frac{(-2iy_{N+1})^2 + 2(-2iy_{N+1})(-\frac{2iy_0}{N}) + (-\frac{2iy_0}{N})^2}{-4i\frac{N+1}{N}}\right.$$
$$\left. + iy_{N+1}^2 + \frac{iy_0^2}{N}\right]$$

$$= \left(\frac{(i\pi)^{N-1}(i\pi)N}{N(N+1)}\right)^{\frac{1}{2}} \exp\left[\frac{-4y_{N+1}^2 - \frac{8y_0 y_{N+1}}{N} - \frac{4y_0^2}{N^2}}{-4i\frac{N+1}{N}} + iy_{N+1}^2 + \frac{iy_0^2}{N}\right]$$

$$= \left(\frac{(i\pi)^N}{N+1}\right)^{\frac{1}{2}} \exp\left[\frac{i}{N+1}\left(-Ny_{N+1}^2 - 2y_0 y_{N+1} - \frac{y_0^2}{N} + (N+1)y_{N+1}^2\right.\right.$$
$$\left.\left. + \frac{N+1}{N}y_0^2\right)\right]$$

$$= \left(\frac{(i\pi)^N}{N+1}\right)^{\frac{1}{2}} \exp\left[\frac{i}{N+1}\left(y_{N+1}^2 - 2y_0 y_{N+1} + y_0^2\right)\right]$$

$$= \left(\frac{(i\pi)^N}{N+1}\right)^{\frac{1}{2}} \exp\left[\frac{i}{N+1}(y_{N+1} - y_0)^2\right]$$

$\Rightarrow$ Induktionsbehauptung.

7.14   Funktionalableitung zur Herleitung des Pfadintegrals

Zu zeigen:

$$\frac{\delta^2}{\delta x(t_1)\delta x(t_2)}\left[\frac{1}{2}\int\limits_{t_i}^{t_f} dt_1 \int\limits_{t_i}^{t_f} dt_2 \; \eta(t_1)\eta(t_2)\int\limits_{t_i}^{t_f} dt\left(\frac{1}{2}m\dot{x}^2 - \frac{1}{2}m\omega^2 x^2\right)\right]$$

$$= \frac{1}{2}\int\limits_{t_i}^{t_f} dt\left(m\dot{\eta}^2(t) - m\omega^2\eta^2(t)\right).$$

Lösung: Für die Ableitung eines Funktionals der Form $F_x[f] = \int_{\mathbb{R}} dy \; f(y)\delta(x - y) = f(x)$, gilt:

$$\frac{\delta F_x[f]}{\delta f(y)} = \delta(x - y).$$

Für folgende Rechnungen sei noch einmal auf Abschnitt 2.1.2 verwiesen, in dem Rechenregeln für Funktionalableitungen dargestellt wurden. Dort wird unter Anderem auch die Produktregel für Funktionalableitungen (Gl. (2.2)) erläutert, die in folgenden Rechnungen verwendet wird. Außerdem wird an mehreren Stellen partielle Integration verwendet. Daher soll hier beispielhaft der Rechenschritt gezeigt werden, der von Schritt zwei zu Schritt drei (gekennzeichnet mit (∗)) gemacht wird:

$$\int\limits_{t_i}^{t_f} dt \left(m\dot{x}\frac{d}{dt}\delta(t - t_1) - m\omega^2 x\delta(t - t_1)\right) = \int\limits_{t_i}^{t_f} dt \ m\dot{x}\frac{d}{dt}\delta(t - t_1)$$

$$- \int\limits_{t_i}^{t_f} dt \ m\omega^2 x\delta(t - t_1)$$

$$= \left[\delta(t - t_1)\dot{x}\right]_{t_i}^{t_f} - \int\limits_{t_i}^{t_f} dt \ m\ddot{x}\delta(t - t_1) - \int\limits_{t_i}^{t_f} dt \ m\omega^2 x\delta(t - t_1)$$

$$= 0 - \int\limits_{t_i}^{t_f} dt \ m\ddot{x}\delta(t - t_1) - \int\limits_{t_i}^{t_f} dt \ m\omega^2 x\delta(t - t_1)$$

$$= \int\limits_{t_i}^{t_f} dt \ m\left(-\ddot{x}\delta(t - t_1) - \omega^2 x\delta(t - t_1)\right).$$

An weiteren Stellen wird ebenfalls partielle Integration verwendet, was durch (PI) angedeutet werden soll. Berechne nun

$$\frac{\delta^2}{\delta x(t_1)\delta x(t_2)}\left[\frac{1}{2}\int\limits_{t_i}^{t_f} dt_1 \int\limits_{t_i}^{t_f} dt_2 \ \eta(t_1)\eta(t_2) \int\limits_{t_i}^{t_f} dt\left(\frac{1}{2}m\dot{x}^2 - \frac{1}{2}m\omega^2 x^2\right)\right]$$

$$\overset{(2.2)}{=} \frac{1}{2}\frac{\delta}{\delta x(t_2)}\left[\int\limits_{t_i}^{t_f} dt_1 \int\limits_{t_i}^{t_f} dt_2 \ \eta(t_1)\eta(t_2) \int\limits_{t_i}^{t_f} dt\left(m\dot{x}\frac{d}{dt}\delta(t - t_1) - m\omega^2 x\delta(t - t_1)\right)\right]$$

$$\overset{(*)}{=} \frac{1}{2}\frac{\delta}{\delta x(t_2)}\left[\int\limits_{t_i}^{t_f} dt_1 \int\limits_{t_i}^{t_f} dt_2 \; \eta(t_1)\eta(t_2) \int\limits_{t_i}^{t_f} dt \; m\Big(-\ddot{x}\delta(t-t_1) - \omega^2 x\delta(t-t_1)\Big)\right]$$

$$= \frac{1}{2}\frac{\delta}{\delta x(t_2)}\left[\int\limits_{t_i}^{t_f} dt_2 \int\limits_{t_i}^{t_f} dt \; \eta(t)\eta(t_2) \; m\Big(-\ddot{x}(t) - \omega^2 x(t)\Big)\right]$$

$$= \frac{1}{2}\left[\int\limits_{t_i}^{t_f} dt_2 \int\limits_{t_i}^{t_f} dt \; \eta(t)\eta(t_2) \; m\Big(-\ddot{\delta}(t-t_2) - \omega^2 \delta(t-t_2)\Big)\right]$$

$$= \frac{1}{2}\left[\int\limits_{t_i}^{t_f} dt \; \eta(t) \; m\Big(-\int\limits_{t_i}^{t_f} dt_2 \; \eta(t_2)\frac{d}{dt}\dot{\delta}(t-t_2) - \int\limits_{t_i}^{t_f} dt_2 \; \eta(t_2) \; \omega^2\delta(t-t_2)\Big)\right]$$

$$\overset{(PI)}{=} \frac{1}{2}\left[\int\limits_{t_i}^{t_f} dt \; \eta(t) \; m\Big(\int\limits_{t_i}^{t_f} dt_2 \; \dot{\eta}(t_2)\dot{\delta}(t-t_2) - \omega^2\eta(t)\Big)\right]$$

$$\overset{(PI)}{=} \frac{1}{2}\left[\int\limits_{t_i}^{t_f} dt \; \eta(t) \; m\Big(-\int\limits_{t_i}^{t_f} dt_2 \; \ddot{\eta}(t_2)\delta(t-t_2) - \omega^2\eta(t)\Big)\right]$$

$$= \frac{1}{2}\left[\int\limits_{t_i}^{t_f} dt \; \eta(t) \; m\Big(-\ddot{\eta}(t) - \omega^2\eta(t)\Big)\right] = \frac{1}{2}\int\limits_{t_i}^{t_f} dt\Big(-m\eta(t)\ddot{\eta}(t) - m\omega^2\eta^2(t)\Big)$$

$$\overset{(PI)}{=} \frac{1}{2}\left(-m\Big(\big[\eta(t)\dot{\eta}(t)\big]_{t_i}^{t_f} - \int\limits_{t_i}^{t_f} dt \; \dot{\eta}(t)\dot{\eta}(t)\Big)\right) - \int\limits_{t_i}^{t_f} dt \; m\omega^2\eta^2(t)$$

$$= \frac{1}{2}\left(0 + \int\limits_{t_i}^{t_f} dt \; m\dot{\eta}^2(t)\right) - \int\limits_{t_i}^{t_f} dt \; m\omega^2\eta^2(t) = \frac{1}{2}\int\limits_{t_i}^{t_f} dt\Big(m\dot{\eta}^2(t) - m\omega^2\eta^2(t)\Big).$$

7.15 Berechnung des Pfadintegrals für den harmonischen Oszillator 1

Zu zeigen:

$$\int_0^T dt \sum_{n,m} a_n a_m \; nm \left(\frac{\pi}{T}\right)^2 \cos\left(\frac{n\pi t}{T}\right) \cos\left(\frac{m\pi t}{T}\right) = \frac{T}{2} \sum_n a_n^2 \left(\frac{n\pi}{T}\right)^2.$$

Lösung: Betrachte die beiden Fälle „$n \neq m$" und „$n = m$" separat. Der Vorfaktor $a_n a_m \; nm \left(\frac{\pi}{T}\right)^2$ wird in den Rechnungen ignoriert, da er nicht explizit von t abhängt und somit für die Integralberechnung als reiner Vorfaktor irrelevant ist.

Fall 1: $n \neq m$: Benutze hier die Identität $\cos(\alpha)\cos(\beta) = \frac{1}{2}\Big(\cos(\alpha - \beta) + \cos(\alpha + \beta)\Big)$.

$$\int_0^T dt \; \cos\left(\frac{n\pi t}{T}\right) \cos\left(\frac{m\pi t}{T}\right)$$

$$= \frac{1}{2} \int_0^T dt \left[\cos\left(\frac{(n-m)\pi t}{T}\right) + \cos\left(\frac{(n+m)\pi t}{T}\right) \right]$$

$$= \frac{1}{2}\left[\sin\left(\frac{(n-m)\pi t}{T}\right) \frac{T}{(n-m)\pi} + \sin\left(\frac{(n+m)\pi t}{T}\right) \frac{T}{(n+m)\pi} \right]_0^T$$

$$= \frac{1}{2}\bigg(\sin\big((n-m)\pi\big) \frac{T}{(n-m)\pi} + \sin\big((n+m)\pi\big) \frac{T}{(n+m)\pi} - \frac{\sin(0) \cdot T}{(n-m)\pi}$$

$$- \frac{\sin(0) \cdot T}{(n+m)\pi} \bigg) = 0, \text{ da } \sin(k\pi) = 0 \text{ für } k \in \mathbb{Z}.$$

Fall 2: $n = m$:

$$\int_0^T dt \; \cos^2\left(\frac{n\pi t}{T}\right) = \frac{T\big(2\pi n + \sin(2\pi n)\big)}{4\pi n} = \frac{T \, 2\pi n}{4\pi n} = \frac{T}{2}.$$

Mit den Ergebnissen von Fall 1 und Fall 2 sowie der Beachtung von $n = m$ beim Vorfaktor $a_n a_m \, nm \left(\frac{\pi}{T} \right)^2$ erhält man das gewünschte Ergebnis.

7.16   Berechnung des Pfadintegrals für den harmonischen Oszillator 2

Zu zeigen:

$$\int_0^T dt \sum_{n,m} a_n a_m \, \sin\left(\frac{n\pi t}{T}\right) \sin\left(\frac{m\pi t}{T}\right) = \frac{T}{2} \sum_n a_n^2.$$

Lösung: Analog zur vorherigen Rechnung zeigt man für

Fall 1: $n \neq m$: Mit der Identität $\sin(\alpha)\sin(\beta) = \frac{1}{2}\Big(\cos(\alpha - \beta) - \cos(\alpha + \beta)\Big)$:

$$\int_0^T dt \, \sin\left(\frac{n\pi t}{T}\right) \sin\left(\frac{m\pi t}{T}\right)$$

$$= \frac{1}{2} \int_0^T dt \left[\cos\left(\frac{(n-m)\pi t}{T}\right) - \cos\left(\frac{(n+m)\pi t}{T}\right) \right]$$

$$= \frac{1}{2} \left[\sin\left(\frac{(n-m)\pi t}{T}\right) \frac{T}{(n-m)\pi} - \sin\left(\frac{(n+m)\pi t}{T}\right) \frac{T}{(n+m)\pi} \right]_0^T$$

$$= \frac{1}{2} \left(\sin\big((n-m)\pi\big) \frac{T}{(n-m)\pi} - \sin\big((n+m)\pi\big) \frac{T}{(n+m)\pi} - \frac{\sin(0)\cdot T}{(n-m)\pi} \right.$$

$$\left. + \frac{\sin(0)\cdot T}{(n+m)\pi} \right) = 0, \text{ da } \sin(k\pi) = 0 \text{ für } k \in \mathbb{Z}.$$

Fall 2: $n = m$:

$$\int\limits_0^T dt \; \sin^2\left(\frac{n\pi t}{T}\right) = \frac{T\left(2\pi n + \sin(2\pi n)\right)}{4\pi n} = \frac{T\, 2\pi n}{4\pi n} = \frac{T}{2}.$$

Aus Fall 1 und Fall 2 folgt

$$\int\limits_0^T dt \sum_{n,m} a_n a_m \; \sin\left(\frac{n\pi t}{T}\right) \sin\left(\frac{m\pi t}{T}\right) = \frac{T}{2} \sum_n a_n^2.$$

Literaturverzeichnis

[1] Jochen Pade. *Quantenmechanik zu Fuß 1*. Springer-Verlag, Berlin, 2012.

[2] Ernst-Wilhelm Otten. *Repetitorium Experimentalphysik*. Springer-Verlag, Berlin, 2009.

[3] Dudenredaktion (Hrsg.). *Duden. Schülerduden Physik*. Bibliographisches Institut, Mannheim, 2001.

[4] Stefan Scherer und Matthias R. Schindler. *A Primer for Chiral Perturbation Theory*. Springer-Verlag, Berlin, 2011.

[5] Ashok Das. *Field Theory. A Path Integral Approach*. World Scientific Publishing Co. Pte. Ltd., Singapur, 2006.

[6] Lev D. Landau und Evgenij M. Lifschitz. *Lehrbuch der theoretischen Physik I, Mechanik*. Akademie-Verlag, Berlin, 1975.

[7] Thorsten Fließbach. *Mechanik, Lehrbuch zur theoretischen Physik I, 6. Auflage*. Spektrum Akademischer Verlag, Heidelberg, 2009.

[8] Armin Wachter und Henning Hoeber. *Repetitorium Theoretische Physik*. Springer-Verlag, Berlin, 2005.

[9] Matthias Bartelmann, Björn Feuerbacher, Timm Krüger, Dieter Lüst, Anton Rebhan, and Andreas Wipf. *Theoretische Physik*. Springer-Verlag, Berlin, 2014.

[10] Stefan Scherer. *Theoretische Physik für Lehramtskandidaten I (WS 2008/2009) und II (SS 2009), Vorlesungsskript*. Stefan Scherer, Mainz, 2010.

[11] Wikipedia. Kugelkoordinaten — wikipedia, die freie enzyklopädie, 2019. [Online; Stand 17. März 2020].

[12] Eberhard Zeidler. *Quantum Field Theory III: Gauge Theory*. Springer-Verlag, Berlin, 2011.

[13] Philippe Blanchard und Erwin Brüning. *Variational Methods in Mathematical Physics. A Unified Approach*. Springer-Verlag, Berlin, 1992.

[14] Florian Scheck. *Theoretische Physik 1*. Springer-Verlag, Berlin, 2007.

[15] Wolfgang Demtröder. *Experimentalphysik 3. Atome, Moleküle und Festkörper*. Springer-Verlag, Berlin, 2016.

[16] Florian Scheck. *Theoretische Physik 2*. Springer-Verlag, Berlin, 2013.

[17] Torsten Fließbach. *Quantenmechanik, Lehrbuch zur Theoretischen Physik III, 6. Auflage*. Springer-Verlag, Berlin, 2018.

[18] Gerald Grawert. *Quantenmechanik: Studienbuch für Studierende der Physik, Mathematik und Physikalischen Chemie. 5. Auflage (1989)*. Aula-Verlag, Wiesbaden, 1989.

© Der/die Herausgeber bzw. der/die Autor(en), exklusiv lizenziert durch Springer
Fachmedien Wiesbaden GmbH, ein Teil von Springer Nature 2021
N. Wego, *Der harmonische Oszillator*, BestMasters,
https://doi.org/10.1007/978-3-658-36010-8

[19] Paul A. M. Dirac. *The Principles of Quantum Mechanics*. Oxford University Press, Oxford, 1958.

[20] Regine Freudenstein und Wilhelm Kulisch. *Wiley-Schnellkurs Quantenmechanik*. Wiley, Weinheim, 2016.

[21] Wolfgang Nolting. *Grundkurs Theoretische Physik 5/1*. Springer-Verlag, Berlin, 2013.

[22] Martin O. Steinhauser. *Quantenmechanik für Naturwissenschaftler. – Ein Lehr- und Übungsbuch mit zahlreichen Aufgaben und Lösungen*. Springer-Verlag, Berlin, 2017.

[23] Max Schubert und Gerhard Weber. *Quantentheorie – Grundlagen und Anwendungen*. Spektrum, Heidelberg, 1993.

[24] Horst Rollnik. *Quantentheorie 2*. Springer-Verlag, Berlin, 2002.

[25] Gernot Münster. *Quantentheorie*. de Gruyter, Berlin, 2010.

[26] Tilman Butz. *Fouriertransformation für Fußgänger*. Vieweg+Teubner Verlag, Stuttgart, 2012.

[27] Semjon Stepanov. *Relativistische Quantentheorie: Für Bachelor: Mit Einführung in die Quantentheorie der Vielteilchensysteme*. Springer-Verlag, Berlin, 2010.

[28] Stefan Scherer. *Symmetrien und Gruppen in der Teilchenphysik*. Springer-Verlag, Berlin, 2016.

[29] Franz Mandl und Graham Shaw. *Quantum Field Theory*. John Wiley & Sons, Chichester, West Sussex, 1984.

[30] James D. Bjorken und Sidney D. Drell. *Relativistische Quantenfeldtheorie*. Hochschultaschenbücher-Verlag, Mannheim, 1965.

[31] Lev D. Landau und Evgenij M. Lifschitz. *Lehrbuch der theoretischen Physik IV, Quantenelektrodynamik*. Akademie-Verlag, Berlin, 1991.

[32] Richard P. Feynman. Space-time approach to non-relativistic quantum mechanics. *Rev. Mod. Phys.*, 20, 367, 1948.

[33] Frederik W. Wiegel. *Introduction to Path-Integral Methods in Physics and Polymer Science*. Word Scientific Publishing Co Pte Ltd., Singapur, 1986.

[34] Annika R. L. Radau. Quantentheorien und pfadintegrale. Master's thesis, Johannes Gutenberg-Universität Mainz, 2013.

[35] Izrail' Gradsteyn, Iosif Ryzhik, and Alan Jeffrey. *Table of Integrals, Series and Products*. Elsevier Inc., Amsterdam, 2007.

[36] Christoph Gattringer und Christian B. Lang. *Quantum Chromodynamics on the Lattice*. Springer-Verlag, Berlin, 2010.

Printed in the United States
by Baker & Taylor Publisher Services